愛妻無壓力瘦身便當

新手也可以
沒時間不是問題，睡過頭沒關係
106 道好吃、會瘦料理

(~真的不復**胖**~)

貝蒂做便當
著

2018 年 5 月底發行的《愛妻瘦身便當》很感謝受到廣大讀者們的喜愛，因為書籍的發行，讓料理新手、減重中或喜歡健康飲食的朋友們，能夠從中獲得備餐靈感貝蒂倍感榮幸！

但其實在《愛妻瘦身便當》出版後，陸續有讀者捎來訊息，困擾地問著貝蒂：

「我在減重中，也好想自己做便當，但抽不出時間下廚，怎麼辦？」
「我是料理新手，也好想自己做便當，但不知道從何著手，怎麼辦？」
「我在外租房子，也好想自己做便當，有更簡便的料理方式嗎？」

執行瘦身計劃時，自己備餐絕對比外食來得適合、方便、效果佳，但只要一想到在忙碌的生活裡，還要再安插一份天天下廚這件事……確實容易讓人卻步或不知所措呢。

如果可以用更簡單有效率的料理工序來完成每日的瘦身便當，讓身體餐餐都能攝取均衡的營養，除了天然油脂、足量蛋白質、優質澱粉還有不油膩的蔬菜，那就真的太棒了，另更棒的還有，天天下廚也不會覺得累。

從一開始的「哀淒便當」說起……

貝蒂一開始幫先生準備瘦身便當時，常不知從何著手；食材怎麼切、便當怎麼保存、營養怎麼搭配才會均衡……等等，全都一知半解。

「記得第一次料理豬絞肉時，不確定豬絞肉需不需要經過清洗再下鍋，索性就將它洗了！這一沖水，手中的絞肉全部隨著清水嘩啦嘩啦的流走，原來豬絞肉不用洗（也洗不了）。」

「又記得剛開始料理炒飯時，總是因為加了太多醬油而讓炒飯鹹到無法入口，手忙腳亂的又加了好多清水企圖搶救，結果炒飯糊成一鍋黑色不明料理（更累的是還要清洗鍋子），就這樣炒了好多次黑色糊狀炒飯（還丟了幾個燒壞的鍋子，笑～）。」

說好的「愛妻瘦身便當」在初期其實都是「哀凄瘦身便當」啊！！！

在經過不斷的摸索及反覆實做後，貝蒂逐漸找到適合新手及忙碌生活的料理方式了，將繁瑣的料理工序簡化，也能做出美味又健康的瘦身料理，漸漸的，成就感取代挫折感，愛妻瘦身便當終於有點像樣了。現在，幾乎天天下廚也不覺得壓力大，甚至還想嘗試以前不敢嘗試的食材及料理手法。

今天開始，一起帶自己做的便當出門吧！

本書提供了容易上手、食材取得也很方便的瘦身料理提案，如果您是料理新手、忙碌現代人，跟著貝蒂一起做便當，很快就能得心應手的。

針對生活中不同情況下，貝蒂準備的各式便當：
- 30 分鐘必需完成的──「30 分鐘搞定快速便當」
- 今天不小心睡過頭的──「20 分鐘滑壘成功便當」
- 場所不方便加熱時的──「常溫便當（冷便當）」
- 想吃澎湃、風味濃郁的──「媽媽牌豐盛便當」

不用花太大力氣，很快的就能翻找到適合當下情境的瘦身料理了。

另經常運用的料理製作縮時絕招、廚房便利小工具、全書示範的所有便當盒，也跟著全部大公開了。

不慌不忙，愉快又自在地完成每日瘦身便當，是《愛妻無壓力瘦身便當》的最高指導原則（笑），今天起，就與貝蒂一起展開輕鬆無壓力的瘦身飲食生活吧！

貝蒂

Contents

作者序 | P.004

飛快做便當料理術
什麼時段料理都能輕鬆搞定

・晨間做便當 | P.011

・晚上做便當 | P.013

・一次做3天份便當 | P.015

縮時料理4絕招

絕招1：常備冷凍食材快又省力 | P.019

絕招2：料理加速冷卻，裝便當更快速 | P.022

絕招3：提前備料有如神助 | P.023

絕招4：私房省時妙招 | P.024

食材切法小教室
便當盒材質及使用方式
料理更順手的廚房小工具

{ **30分鐘搞定快速便當**

- 彩椒炒肉便當｜P.036
- 一鍋雙料便當：
  蒜味蝦仁＋香煎櫛瓜｜P.038
- 炒咖哩雞柳便當｜P.040
- 洋蔥牛肉炒蛋便當｜P.042
- 烤香菜嫩雞胸便當｜P.044
- 香烤芝麻雞柳便當｜P.046
- 鮮蝦炒時蔬便當｜P.048
- 微波胡椒雞便當｜P.050
- 薑炒麻油雞佐茭白筍便當｜P.052
- 烤低脂豆腐豬肉堡便當｜P.054
- 醬香雞腿捲便當｜P.056

{ **20分鐘滑壘成功便當**

- 蛋白質滿滿炒肉便當｜P.060
- 蘆筍炒嫩雞肉薄片便當｜P.062
- 清蒸蒜香鮮鯛魚便當｜P.064
- 速炒鮮蔬牛肉便當｜P.066
- 酒煎美味鮭魚便當｜P.068
- 韓式櫛瓜豆腐雞便當｜P.070
- 蝦仁炒飯便當｜P.072
- 熱炒牛肉玉米筍便當｜P.074
- 紙包鮮蔬鮭魚便當｜P.076
- 義式番茄炒嫩雞胸便當｜P.078

{ 不翻熱更好吃的
常溫便當（冷便當）

· 清蒸優格雞胸佐蔓越莓便當｜P.082
· 香嫩雞肉炒南瓜便當｜P.084
· 酪梨雞肉沙拉便當｜P.086
· 蛋煎鯛魚塊便當｜P.088
· 韓式高麗菜豬肉捲便當｜P.090
· 快炒果香雞肉便當｜P.092
· 烤照燒鮭魚便當｜P.094
· 義大利香料檸檬雞柳便當｜P.096
· 辣味雞塊便當｜P.098
· 蒜苗炒牛奶嫩雞便當｜P.100

{ 孩子也會喜歡的
媽媽牌豐盛便當

· 栗子燒雞腿便當｜P.104
· 洋蔥炒孜然肉片便當｜P.106
· 海苔雞柳便當｜P.108
· 海量蔥燒嫩雞腿便當｜P.110
· 豆芽菜豬肉漢堡排便當｜P.112
· 起司海苔豬肉捲便當｜P.114
· 黑胡椒蒜片雞腿便當｜P.116
· 蜜汁豆腐牛肉便當｜P.118
· 金針菇牛肉捲便當｜P.120
· 快蒸鳳梨骰子豬便當｜P.122

｛ 副菜：
便當的好伙伴

- 補個蛋白質──營養蛋料理｜P.126
- 備料真輕鬆──簡便食材料理｜P.138
- 一盤攝取好多營養──多食材料理｜P.148
- 簡單調味就有好滋味──食原味料理｜P.156
- 省時救星──常備菜｜P.160
- 今天不吃飯──優質澱粉新選擇｜P.164

後記　P.170
《愛妻無壓力瘦身便當》成功實證：
大叔變型男飲食計劃

飛快做便當料理術
什麼時段料理都能輕鬆搞定

在不同的時間所做的便當，
有著不一樣的料理方式、保存之道及需特別留意的事項。
找出最貼近目前生活的做便當方式及時間，
將做便當融入生活裡，自然而然的完成它，
不讓做便當成為生活上的壓力，
就更能長久的為自己或喜歡的人，準備愛心健康便當。

晨間做便當

為了讓早晨料理時間有效縮短，
可於睡前將部分食材預先備料（切妥或預先醃製），
早晨再將備料依序料理即可，因為食材大多備好了，
有時甚至只需花 20 分鐘（註）就可以完成了呢！

適用對象

- 對便當菜餚再度加熱會有疑慮的人。
- 午餐場所無法提供便當加熱的時候（沒有微波爐、蒸飯箱或電鍋等）。
- 喜歡或習慣吃常溫（冷）便當的上班族、學生們。

如何保鮮

- 菜餚放涼且瀝掉湯汁後再裝入便當盒裡，或以分隔便當盒將飯菜分隔。
- 將便當盒放入有保冰或保溫功能的便當袋裡（內層有鋁箔層設計），袋子裡放入 1～2 小塊保冷劑，讓便當袋裡維持稍涼的溫度，於享用前都不打開便當袋，以防熱能進入袋子裡或冷度流失。
- 因不再加熱，肉品需烹煮至全熟或確實做好便當保冷措施。
- 將裝了便當的便當袋放在陰涼處，避免暴露於陽光直射的地方。

↓保溫保冷便當袋

↑保冷劑

晨間做便當縮時小技巧

- 將剛起鍋的料理全部攤開於盤子上,可讓料理更快變涼,縮短等候時間。
- 炒妥的青菜攤開散熱,裝盒時瀝乾湯汁再裝盒 ❶。
- 如遇煎妥或烤妥的肉品,則置於瀝油盤上,讓肉品的底部空氣流通幫助散熱,另也可順便瀝掉多餘的肉汁,保持乾爽以便裝盒 ❷。
- 將菜餚或便當盒整份放在大片保冰劑上,加速放涼 ❸(保冰劑上可墊一塊布或廚房紙巾防滑)。
- 便當菜餚擇1～2道料理以最簡便的方式完成,例如水煮、烘烤、電鍋蒸熟等,多出的時間可用來料理需多花點時間或心思的便當菜(示範:烤低脂豆腐豬肉堡便當P.54。)。

❶ ❷ ❸

「烤低脂豆腐豬肉堡便當」的縮時小技巧

烤箱預熱時,著手備料(或前一晚備好),預熱完成後即可將食材放入烤箱烘烤,趁著烤箱在烘烤的空檔,著手料理另外的副菜「蒜炒蘆筍奶油香菇」,如時間有餘,也可做廚房善後工作,待豆腐豬肉堡及茭白筍烘烤完成時,副菜或廚房善後也完成了,將時間充分利用,做便當將更有效率。

註 不含米飯炊煮時間,建議米飯可利用電子鍋預約烹煮功能,於睡前將米飯洗妥,水量也加妥後,放入電子鍋裡並設定翌日清晨完成,省去一早煮米飯的壓力,且正好適合浸泡後更好吃的糙米或五穀米,非常便利。

晚上做便當

如果能在料理晚餐時,將份量多準備一些,
於開動前將便當菜量另外挾出,放涼後裝盒即完成,
省去隔天一早起床做便當的壓力,
且一次煮兩餐(晚餐及隔日午餐)真的很省時又省事呢!

適用對象

- 午餐場所設有加熱設備的上班族或學生。
- 每天晚上開伙煮晚餐的家庭、上班族。
- 晚餐份量煮較多的時候。

如何保鮮

- 菜餚端上桌前,以乾淨的筷子先挾取便當菜餚(不碰到口水、不以手接觸菜餚),待挾出的菜餚全放涼後,再裝入乾淨的便當盒裡,蓋上蓋子後置於冰箱冷藏。
- 隔天一早出門前,將便當自冰箱取出後直接放入保冷便當袋裡,袋子裡放入1~2小塊保冷劑,中午享用前再取出翻熱即可享用 ❶。
- 如工作場所或學校備有冰箱,建議將便當放入冰箱繼續冷藏,享用前再取出加熱。
- 避免採用加熱後容易變黑或發黃的葉菜類(地瓜葉、菠菜、空心菜等),建議可以根莖類取代(紅蘿蔔、茭白筍、洋蔥等)。

晚上做便當縮時小技巧

- 邊煮邊盛裝；晚間有較長的時間可以等待菜餚放涼，故可於菜餚起鍋前即順手挾取適當份量至便當盒裡（瀝乾湯汁），每完成一道即順手挾取，盛裝好的便當徹底放涼後，蓋上蓋子後置於冰箱冷藏，隔天出門前再從冰箱取出，放入保冷袋及保冰劑 ❶，避免便當酸敗。
- 也可將完成的便當放在大片保冷劑上，加速放涼 ❷（保冷劑上可墊一塊布或廚房紙巾防滑）。

★ 邊煮邊盛裝，可省去將飯菜分開放涼、多洗碗盤的步驟。

一次做 3 天份便當

將便當菜餚一次備足 3 天的份量，
完成後分別放入保鮮密封盒，
妥善密封後冷藏保存，
另也可直接分裝成多個便當後冷藏保存，
享用前再取出加熱即可，方便極了。

適用對象

- 只有休假日有空檔做便當的忙碌上班族或學生。
- 不喜歡天天下廚及做廚房善後的人。
- 不介意連續多日吃類似或相同菜色的人。

如何保鮮

- 選用分隔便當盒，將飯與菜分隔開來，避免米飯被菜餚的醬汁久泡後變軟爛，影響口感（示範：快蒸鳳梨骰子豬便當 P.122）。
- 出門前，將便當自冰箱取出後直接放入保冷便當袋裡，袋子裡放入 1～2 小塊保冷劑，中午享用前充分加熱即可。
- 如 3 天的菜色不同，建議將較不易保存的菜色（或較易生水或發黃的料理）安排在第一天享用。
- 建議 3 天內食用完畢，以保新鮮。

「快蒸鳳梨骰子豬便當」的保鮮小技巧

　　以電鍋炊煮完成的快蒸鳳梨骰子豬，醬汁濃郁鮮甜，以分隔便當盒將醬汁也一起盛裝，讓醬汁與飯菜完全分隔開來，享用時將豬肉及米飯配著醬汁一起入口，極為美味，另也讓豬肉因為醬汁的持續浸潤，而保持軟嫩口感。

示範圖　快蒸鳳梨骰子豬便當

一次做 3 天份便當縮時小技巧

- 一次煮大份量或種類較多時,可同時開兩個爐火,一邊的爐火烹調需費時香煎或煨煮的料理(漢堡排、雞腿肉、烘蛋、咖哩、滷肉等),另一邊的爐火則用來烹調快熟料理(蔬菜、菇類等)。

- 如菜單裡有需要烤箱或電鍋完成的,可先著手料理,等待烤箱或電鍋料理的同時,著手其他需以爐火煎炒的料理,待烤箱或電鍋料理完成時,爐火快炒的料理也已完成多道,同步烹調多道料理,省時有效率。

★建議同時按兩個計時器,以防忘記另一鍋的料理時間。

縮時料理 4 絕招

備用冷凍食材、加速冷卻菜餚或便當的小技巧、
常用省時小妙方及有如神助的預先備料,
每項小絕招都能為您減少時間壓力、提升下廚效率!

絕招 1 常備冷凍食材快又省力

絕招 2 料理加速冷卻,裝便當更快速

絕招 3 提前備料有如神助

絕招 4 私房省時妙招

絕招 1　常備冷凍食材快又省力

食材一買就一大包，吃不完怎麼辦？
臨時想要點蔥花、毛豆仁，但又不想出門購買怎麼辦？
將食材適當切妥及小包分裝，冷凍後備用，隨時想用就用，
不只方便還能縮短不少料理時間，
建議於保鮮袋或夾鏈袋上貼上日期標籤，以提醒有效期限。

辛香食材
青蔥

青蔥洗淨後拭乾水分並切成蔥花，裝入保鮮袋後將蔥花攤平，放入冷凍庫保存，每次取出該次料理份量，不用退冰直接料理即可。

料理示範　美味蔥蛋捲 P.131

冷凍保存　約 2 個月

蒜頭

蒜頭去掉蒜皮後切成末，裝入保鮮袋後攤平並擠出多餘空氣後，以筷子或手刀的姿勢於袋子上壓出區隔線，將蒜末分隔後冷凍，每次料理前，沿著區隔凹線折斷取出即可直接料理（不用解凍）。

料理示範　蒜炒黑胡椒綠豆芽 P.144

冷凍保存　約 2 個月

薑

切片後再切成絲，將切好的薑絲放入保鮮袋，撥散並攤平後放入冷凍室保存，每次取出該次料理份量，不用退冰直接料理即可。

料理示範　薑味木耳炒蛋 P.137

冷凍保存　約 2 個月

點綴或增色食材

紅蘿蔔絲

紅蘿蔔削皮後切片再切成絲，將切好的紅蘿蔔絲放入保鮮袋，撥散並攤平後放入冷凍室保存，每次取出該次料理份量，不用退冰直接料理即可（亦可切成丁狀）。

料理示範　蜜汁紅蘿蔔 P.160

冷凍保存　約 2 個月

毛豆仁

生毛豆仁以滾水（加少許鹽）煮4～5分鐘，撈起鍋後沖涼水（或泡冰水）冰鎮及定色，瀝掉水分後分裝冷凍（將毛豆仁攤平於袋子裡），於料理時取出該次份量解凍即可。

料理示範　炒咖哩雞柳 P.41

冷凍保存　約 3 個月

絕招 2　料理加速冷卻，裝便當更快速

將便當菜餚徹底冷卻後再裝盒或冷藏是保鮮的要點，
但一早忙著出門上班上課，
沒有太多的時間等待菜餚自然放涼，
這時，菜餚加速冷卻的小技巧就派上用場了。

← 將剛起鍋的菜餚瀝乾湯汁後，攤散放於大盤子上（不讓菜餚疊放），可加速菜餚更快冷卻。

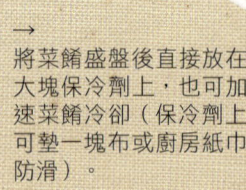

→ 將菜餚盛盤後直接放在大塊保冷劑上，也可加速菜餚冷卻（保冷劑上可墊一塊布或廚房紙巾防滑）。

絕招 3　提前備料有如神助

將食材大致備好，
可為料理時間減少許多壓力，
利用睡前或上班前將食材切妥或醃製，
待正式料理時即可快速完成。

↑雞腿先醃。

↑蔬菜洗淨切妥後放入蔬果脫水器裡，將水分充分甩乾後，放入密封保鮮盒冷藏；少了清洗時的水分滯留，蔬菜更能保持翠綠。

↑預計隔天早晨將料理蒜炒菠菜鮮香菇、義式紅蘿蔔炒小黃瓜、美味蔥蛋捲、炒雞肉絲；於睡前即將食材預先備妥冷藏。

絕招 4　私房省時妙招

- 於料理的同時順手做廚房善後工作,有助於料理完成後,無需再花費太多時間清洗鍋碗瓢盆。
- 時間緊迫時,同時起兩口爐火並以中火或小火料理,另準備兩個計時器,分別為料理個別計時,以防煮過頭。
- 分裝菜色時,以乾淨的大夾子挾取,每次挾取的份量較多較快。
- 想好流程(也可寫下來)再開始著手料理,如有需較長時間烹煮的料理(如米飯、蒸煮、烘烤)則優先料理,於烹煮的等待時間即可著手準備其他料理。
- 利用假日,製作喜愛的常備料理,於妥善保存下,即能於接下來的 3～4 天隨時挾取享用,為便當即時增色及添味,省時又省力。

以乾淨的大夾子挾取菜餚,每次挾取的份量較多,可以省下些許時間。

食材切法小教室

 雞胸肉順紋切

順著雞胸肉的纖維紋路下刀，以平行方向順著紋路切成片。如要切成雞絲，則順紋切片後再順紋切絲即可。

 去除蝦子腸泥方式

將蝦子去殼及頭尾後，取一支竹籤，於蝦背上第二節彎處戳入後往外挑，即可挑出一條黑色長條狀的腸泥，順勢將腸泥輕輕拉出蝦身即完成。

雞里肌肉去除白色筋膜

一手捏著雞里肌肉的白色筋膜頭部，另一手持刀，刀子與砧板呈水平方向並緊貼著白色筋膜後，將刀子推向雞里肌肉底部，另一手同時抓緊白色筋膜，刀子隨白色筋膜順勢滑向雞里肌肉底部（可調整刀法直立或平放），待刀子滑出雞里肌肉時，白色筋膜也將順勢被取出。

 ## 滾刀塊

適合長條型食材（櫛瓜、小黃瓜、紅蘿蔔等），每斜切一刀即將食材滾動一次，刀子的角度維持不變，唯食材反覆轉動即可，轉動的角度依想要呈現的食材尺寸而不一，可自行調整。

🔪 洋蔥逆紋切、順紋切

逆紋切絲：洋蔥縱向對切後平放（切面朝下），洋蔥的紋路與刀子的方向呈垂直，即為逆紋切。反之則為順紋切。

逆紋切的洋蔥甜味容易釋放，但較不耐煮，適用於想為料理增加更多甜味或用在生菜沙拉時。

順紋切較耐煮且保留了較多的洋蔥嗆辣，適用於燉煮料理或想為料理增加嗆辣時。

🔪 切絲

先將食材切成薄片，再將薄片相互重疊並攤平，並將食材切成細絲即完成。

便當盒材質及使用方式

耐熱玻璃便當盒

適合微波及蒸飯箱加熱，於加熱時取出上蓋（塑膠材質），改採耐熱上蓋或瓷盤覆蓋於上，此舉可幫助快速加熱及保有水分。

優點 復熱方便。

缺點 重量較重、易碎。

示範圖｜蘆筍炒嫩雞肉薄片便當

琺瑯便當盒

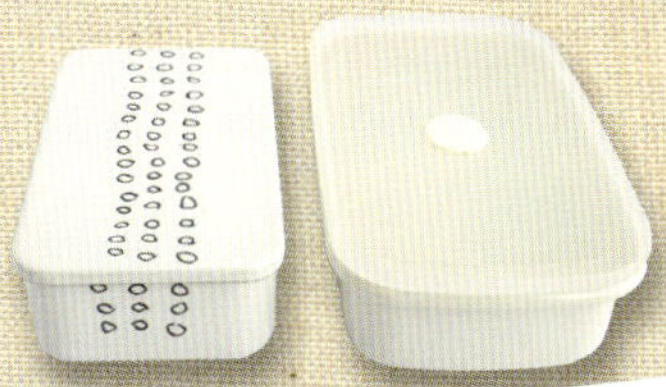

適合常溫便當或需放進烤箱回烤的便當料理（例如焗烤飯）。

優點 重量輕、不易殘留異味或食材顏色。

缺點 復熱不方便（不能以微波爐加熱）

示範圖｜蛋白質滿滿炒肉便當

木製便當盒

適合常溫（冷便當），因木質有吸濕氣及抗菌的特性，米飯較能保有Q度。

優點　重量輕、料理擺放木盒裡容易引人垂涎。

缺點　無法復熱、需留意保養（洗淨後需立即拭乾水分後風乾，防止發霉）。

示範圖：烤照燒鮭魚便當

不鏽鋼便當盒

可進蒸飯箱或電鍋，唯需留意上蓋是否能同時加熱（各品牌不一）。

優點　重量輕、耐熱也耐用。

缺點　不能以微波爐加熱，便當盒的造型選擇較少。

示範圖：金針菇牛肉捲便當

陶瓷便當盒

可微波、進蒸飯箱或電鍋復熱（需取出上蓋，改以耐熱材質的蓋子覆蓋於上），純白色澤可為菜餚增添美味感。

優點 美觀。

缺點 較重、價格較高、易碎。

示範圖 栗子燒雞腿便當

樹脂塑膠便當盒

適合微波及蒸飯箱加熱，於加熱時取出上蓋（塑膠材質），改採耐熱上蓋或瓷盤覆蓋於上。

優點 復熱方便，重量輕方便攜帶。

缺點 容易殘留食物味道、遇到油漬不易清洗。

示範圖 快炒果香雞肉便當

便利廚房小工具

工欲善其事必先利其器,這是貝蒂廚房裡最常出現的小幫手;
有計量用的,也有方便料理時使用的。
每樣小工具都用得很順手,
因為這些小工具們,讓料理時間縮短,且更有效率了。

方便利用

刨絲器

切蛋器

磨泥器

料理剪刀

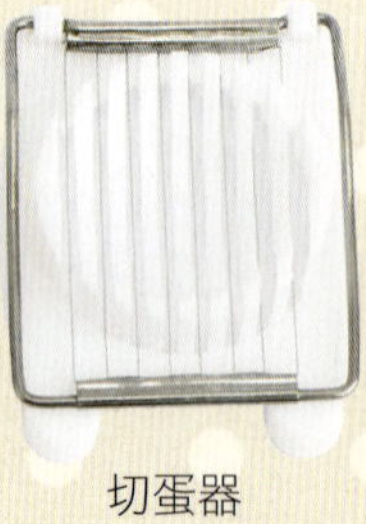

刨刀

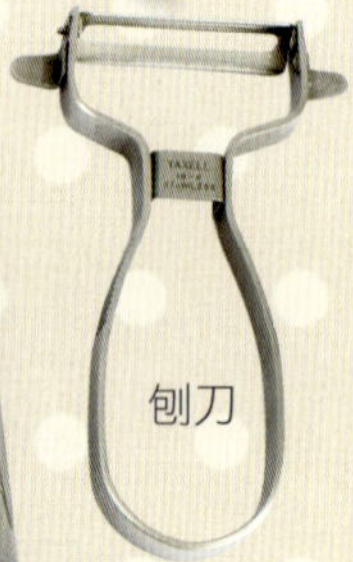

小濾網(洗滌藜麥時用)

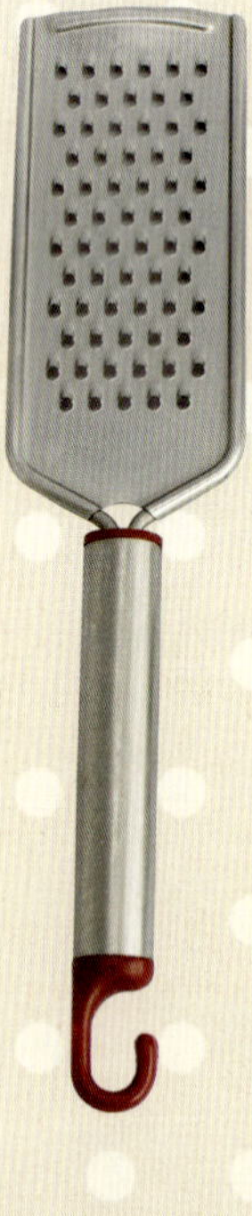

計量用

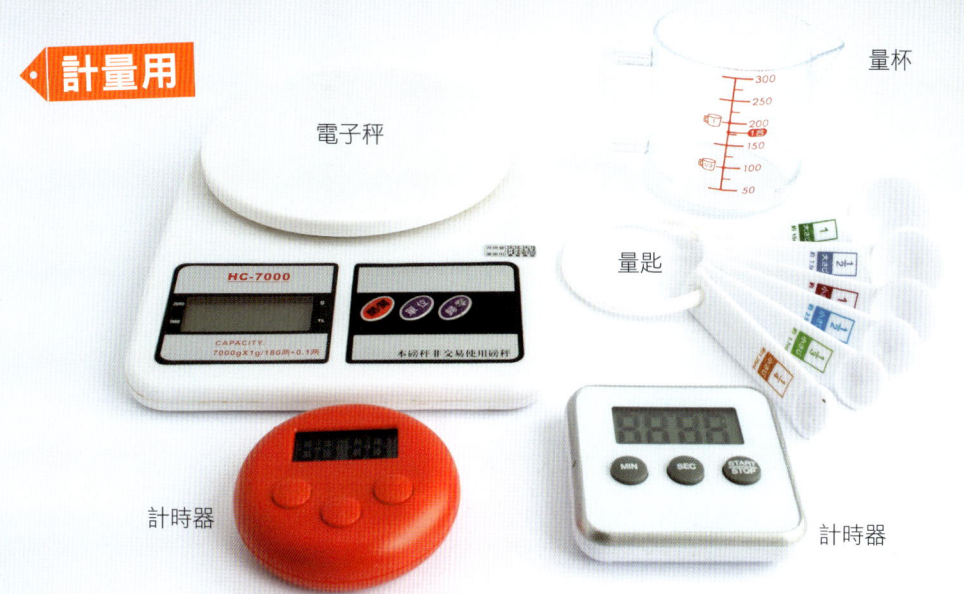

電子秤　量杯　量匙　計時器　計時器

本書使用調味料、鍋具及計量單位

- 醬油：如食譜未特別標註醬油類型，則使用一般醬油（非薄鹽減鈉或其他風味醬油）。
- 鹽：使用海鹽（無減鈉）。
- 油品：示範使用的為特級冷壓初榨橄欖油。
- 鹽1小撮：3根手指捏取鹽的份量1次（姆指、食指、中指），每次約0.5g。
- 全書便當裝盛的米飯為：糙米飯、五穀米飯或長秈糙米飯，均為料理前一晚以電子鍋預約隔日清晨烹煮完成，全書將不另行標註米飯食譜。
- 計量：1大匙為15ml、1小匙為5ml。
- 平底鍋：不沾鍋28cm。

其他注意事項

- 料理時間將因鍋具、爐具（導熱或聚熱）、熟練度而差生時間上的微小差異，建議以當下料理條件為主。
- 全書食譜中的「備料」均指可於前一晚將食材備妥後，放密封盒冷藏備用，另也可於料理當下再備料。

30分鐘搞定
快速便當

事前備料，便當完成效率大大提升！

睡前預先完成部分食材備料，
隔天一早只需30分鐘，
就能自在悠閒、不慌不忙的將便當完成；
每天都能毫無壓力的為自己或所愛的人做便當！

彩椒炒肉便當

選用油脂較少的低脂豬絞肉，
及切成丁狀的彩椒來烹調這道料理，
讓整體口感清爽無負擔，
卻又有著滿滿的飽足感。

副菜
太陽蛋佐蔥花 P.126
清蒸白花椰 P.159

彩椒炒肉

▌材料　約 3～4 人份

低脂豬絞肉⋯200g
黃色、紅色甜椒⋯各半顆（各 100g）
青蔥⋯1～2 根
蒜頭⋯2 瓣

醬汁，調成 1 碗
醬油⋯1 大匙
醬油膏⋯1 大匙
米酒⋯2 小匙

調味料
油⋯1 小匙
鹽⋯視口味添加

▌作法

備料
- 黃甜椒及紅甜椒切成丁。
- 蒜頭去皮後切成末。
- 青蔥切成蔥花（蔥綠及蔥白分開擺放）。

1 鍋內倒入油將豬絞肉、蒜末、蔥白放入，以中小火將豬絞肉炒至焦香。
2 醬汁入鍋，拌炒至豬絞肉上了醬色。
3 加入黃甜椒丁及紅甜椒丁炒香。
4 投入蔥綠，全部拌炒均勻後即完成。

料理筆記

- 可於起鍋前試一下味道，如覺得不夠鹹，再於作法4加一小撮鹽提味即可。
- 做法3的黃甜椒丁及紅甜椒丁下鍋後大致拌炒即可，以保有甜椒的脆口及鮮艷色擇。

一鍋雙料便當

蒜味蝦仁 + 香煎櫛瓜

櫛瓜先入平底鍋香煎,接著將蝦仁也入鍋煎熟,
蝦仁起鍋後,櫛瓜經簡單調味後也完成了;
新鮮的食材無需太多調味,
僅需留意食材特性先後下鍋,
很快的,美味及省時就能同時享有。

副菜
美味蔥蛋捲 P.131
橄欖油鹽麴紅蘿蔔 P.139

一鍋雙料：蒜味蝦仁 + 香煎櫛瓜

■ 材料　2～3人份

大蝦仁（去腸泥）…10尾（140g）
櫛瓜…1條（180g）

醃料

味醂…1小匙
蒜泥…1小匙
粗片紅辣椒（乾辣椒）…1/2小匙
鹽…1/4小匙
研磨黑胡椒…少許

調味料

油…1小匙
鹽…2小撮

■ 作法

備料

- 蝦仁去除腸泥後加入醃料並拌勻，去除腸泥方式可參考 P.25。
- 櫛瓜洗淨後切除頭尾蒂頭並切片（厚約0.5cm）。

1. 取平底鍋（28cm以上），鍋內倒入油並將油搖勻於鍋面後，將櫛瓜逐片擺入鍋（僅擺單邊），以中小火慢煎。
2. 作法1的櫛瓜煎至底部呈現金黃色後，翻面續煎。
3. 將蝦仁擺入鍋子的另一邊一起香煎。
4. 蝦仁煎至底部顏色變紅後，翻面續煎至蝦仁全部變紅色時，即可將蝦仁先行起鍋。
5. 鍋裡的櫛瓜撒入鹽調味，即完成。

料理筆記

去蝦殼及去腸泥的蝦仁可向有信譽的店家購買，於前一晚先以醃料拌勻冷藏備用。

炒咖哩雞柳便當

珍貴的蛋白質對人體很重要，
將低脂高蛋白質的雞胸肉與富含植物性蛋白質的毛豆仁一起拌炒，
佐以香氣高雅的咖哩，
這道料理堪稱瘦身便當的愛菜。

副菜
蒜炒醜豆 P.143
清蒸白花椰 P.159

炒咖哩雞柳

■ 材料　約 2～3 人份

雞里肌肉（雞柳）… 6 條（250g）
熟毛豆仁…80g
蒜頭…1 大瓣
辣椒…1 條

醃料
咖哩粉…1/4 小匙
鹽…1/8 小匙
孜然粉…少許

調味料
油…2 小匙
鹽…1/4 小匙（或視口味調整）

■ 作法

備料
- 雞里肌肉（雞柳）切掉白色筋膜後切塊，加入醃料，抓勻後靜置 10 分鐘（或置於冷藏醃過夜）。雞里肌肉去除白色筋膜方式可參考 P. 26。
- 蒜頭去皮後切末。
- 辣椒去籽後切細。

1. 鍋內倒入油，以中小火將油預熱後，加入雞里肌肉、蒜末，拌炒至雞里肌肉呈現金黃色。
2. 熟毛豆仁、辣椒，全部一起入鍋拌炒。
3. 炒至雞里肌肉全熟後，加入鹽調味並拌勻即完成。

料理筆記
- 以筷子插入做法3的雞里肌肉，可輕易插入雞肉裡即代表幾乎熟了。
- 雞里肌肉可改用切塊雞胸肉或去骨雞腿肉代替。
- 如果使用的是生毛豆仁，則可先以滾水加少許鹽，將生毛豆仁汆燙4～5分鐘後再料理即可。

洋蔥牛肉炒蛋便當

看似家常的炒牛肉料理，其實愈是家常的料理愈是讓人難忘。選用牛里肌火鍋肉片不會太過油膩，口感爽快無比，另與雞蛋一起拌炒後，香氣與營養更加提升了。

副菜
厚切番茄起司燒 P.138
青花筍炒香菇 P.154

洋蔥牛肉炒蛋

▌材料　約 2 人份

牛里肌肉片（火鍋肉片）… 200g
洋蔥小顆… 60g（半顆）
雞蛋… 2 顆
青蔥… 1 根

醃料
醬油… 1.5 大匙
米酒… 1/2 大匙
味醂… 1 小匙
香油… 1/2 小匙
蒜泥… 1/2 小匙

調味料
油… 2 小匙（分次入鍋）

▌作法

備料
- 牛里肌火鍋肉片加入醃料，拌勻後靜置醃 5 分鐘（或置於冷藏醃過夜）。
- 雞蛋加 1 小撮鹽（份量外）打散成蛋液。
- 洋蔥逆紋切絲。
- 蒜頭去皮後磨成泥。
- 青蔥切成蔥花。

1. 鍋內倒入 1 小匙油，以中小火將油預熱後，倒入蛋液拌炒至半熟時起鍋備用。
2. 同一鍋，倒入 1 小匙油、洋蔥絲，以中小火將洋蔥絲炒至顏色變成琥珀色。
3. 醃好的牛里肌火鍋肉片入鍋與洋蔥一起拌炒，炒至牛肉片幾乎全熟。
4. 加入做法 1 的半熟炒蛋，全部一起拌炒至牛肉全熟。
5. 起鍋前加入蔥花拌勻即完成。

料理筆記

作法3的牛里肌火鍋肉片一下鍋需快速撥散及拌炒，讓每片肉片都能均勻受熱。

烤香菜嫩雞胸便當

香菜與雞胸肉出奇的合拍,
尤其經過簡易打水後的雞胸肉,
佐少許白胡椒粉香烤,
香嫩多汁且風味獨特,
值得一試。

副菜
簡易番茄炒蛋 P.132
燜煎醬香娃娃菜 P.157
清蒸青花菜 P.159

烤香菜嫩雞胸

▋材料　2人份

雞胸肉⋯1塊（180g）
香菜⋯1株

醃料

鰹魚醬油⋯1大匙
香油⋯1/4小匙
鹽⋯1小撮
白胡椒粉⋯少許

▋作法

備料

- 將雞胸肉一手壓於砧板，另一手持刀於側邊水平面入刀，將雞胸肉切成2片薄片，並於肉上輕輕劃刀，劃成菱格紋狀或斜切紋（擇一面劃刀即可）。
- 香菜洗淨後切成末。
- 取一烤皿，將雞胸肉放入烤皿，加入香菜末及醃料，按抓均勻後靜置醃5分鐘（或置於冷藏醃過夜）。

1. 連同烤皿一起放入以攝氏180度預熱完成的烤箱，烤約15分鐘即完成。

料理筆記

於肉面輕輕劃刀，可幫助醃料快速入味及加速烤熟。

香烤芝麻雞柳便當

如果你喜歡烘烤過後的芝麻香，
那麼一定不能錯過這道簡單又美味的「香烤芝麻雞柳」。
在烘烤芝麻雞柳的等待空檔，
可著手副菜料理，
待雞柳烤好時，副菜也幾乎一起完成了。

副菜
太陽蛋佐海苔 P.126
煎義大利香料奶油香菇 P.142
煎青花筍佐熟藜麥 P.159

香烤芝麻雞柳

▌材料　2～3人份

雞里肌肉…6小條（約250g）
白芝麻…3～4大匙

醃料
米酒…1小匙
鹽…1/4小匙
研磨黑胡椒…少許

▌作法

備料
- 將雞里肌肉切除白色筋膜，並於雞里肌肉中央處對半斜切。雞里肌肉去除白色筋膜作法可參考P.26。
- 加入醃料，充分抓勻後靜置10分鐘（或置於冷藏醃過夜）。

1 將醃好的雞里肌肉沾滿白芝麻。
2 將作法1置於烤架上，放入以攝氏200度預熱完成的烤箱，烤約15鐘即完成。

料理筆記
- 適合冷便當，或復熱時另以烤箱回烤風味更佳。
- 享用時佐少許黃芥末醬，風味極佳。

鮮蝦炒時蔬便當

先煎半月荷包蛋（或另起一鍋料理），
同一鍋再接著料理美味大蝦，
最後將速燙過的青花菜與鮮蝦一起拌炒就完成了，
快速又美味。

副菜 半月荷包蛋 P.136

鮮蝦炒時蔬

材料　2～3人份

大蝦仁…9隻（約140g）
青花菜…150g
鴻禧菇…半包（80g）
蒜頭…2瓣

醃料
鹽…1/8小匙
研磨黑胡椒…少許
西班牙煙燻紅椒粉…1/4小匙 ※

調味料
油…2小匙（分次加入）
鹽…1/4小匙
清水…1大匙

作法

備料
- 大隻蝦仁去腸泥後加入醃料，抓勻備用。
- 青花菜洗淨後切小朵、去粗皮。
- 鴻禧菇切去蒂頭、掰散。
- 蒜頭去皮後切成末。

1. 起一鍋滾水加少許鹽（份量外），將青花菜以滾水快速汆燙1分鐘後撈起備用。
2. 平底鍋內倒入油，將蝦仁擺入鍋香煎，以中小火煎至蝦仁顏色變成紅色時起鍋。
3. 同一鍋，再倒入油、蒜末，將蒜末炒香。
4. 投入鴻禧菇、清水拌炒，炒至鴻禧菇呈現微金黃色。
5. 加入作法1的青花菜、作法2的蝦仁，加鹽調味並拌勻即完成。

料理筆記

- 可找有信譽的商家購買已經去好腸泥的大蝦仁；或直接購買帶殼的蝦子自行去蝦殼及腸泥，去腸泥方法請參考P.25。

※ 西班牙煙燻紅椒粉可改用一般紅椒粉取代。

微波胡椒雞便當

將食材分段放進微波爐微波致熟，
很快的就能完成口感輕爽的雞肉鮮食料理，
一道菜即含蓋了所有主菜及副菜，
快速又方便，
又或者拿來當零嘴，
一解嘴饞也很適合。

副菜　咖哩蛋 P.162

微波胡椒雞

■ 材料　2人份

雞胸肉…1塊（180g）
茭白筍…4支（160g）
木耳…80g
青蔥…1根

醃料
鹽…1/4小匙
清水…1小匙
油…1小匙
白胡椒粉…少許

調味料
醬油…2小匙
香油…1/2小匙
白胡椒粉…少許

■ 作法

備料
- 雞胸肉順紋切薄片（0.5cm）後加入醃料※拌勻後冷藏醃過夜，或醃10分鐘。
- 茭白筍去筍殼後切滾刀塊。
- 木耳手撕成適口大小。
- 青蔥切成蔥花。

1. 取有深度的大平盤，放入茭白筍、2小匙飲用水（份量外）、1小撮鹽（份量外）、雞肉片平鋪於於茭白筍上。
2. 作法1蓋上微波專用蓋子或磁盤，放入微波爐，以強火微波2分鐘後取出。
3. 作法2取出後大致拌開，加入木耳，放入微波爐以強火微波2分鐘後取出。
4. 作法3取出後加入蔥花及調味料，拌勻後放入微波爐強火微波2分鐘。
5. 作法4取出後，拌勻即完成。

料理筆記

- 本食譜示範微波爐輸出功率為700W；微波時間請依自家微波爐功率調整時間，建議每次增減30秒，取出後視食材生熟度再調整微波時間。

※加醃料步驟：先加入鹽、水、白胡椒粉充分按抓，按抓至水分被吸收後再加入油拌勻。

薑炒麻油雞佐茭白筍便當

適合天氣微涼或想吃渾厚口感料理的時刻，
料理祕訣在於將雞肉片切得薄一些，
縮短入鍋時間，
保有雞肉的滑嫩口感。
另麻油高溫烹調易生苦味及讓油品變質，
建議先以一般油品拌炒食材，
起鍋前再拌入麻油增添香氣。

副菜
海帶芽蛋捲 P.128
煎香脆松本茸 P.158

薑炒麻油雞佐茭白筍

▎材料　2人份

雞胸肉⋯1個（190g）
老薑⋯20g
茭白筍⋯3支（去筍殼後120g）

調味料
油⋯2小匙
麻油⋯2小匙

醃料
鹽⋯1/4小匙
清水⋯1大匙

▎作法

備料
- 雞胸肉切片（厚約0.5cm），加入醃料，按抓至水分被雞胸肉吸收為止（或置於冷藏醃過夜）。
- 茭白筍切滾刀塊（切法可參考P.26）。
- 老薑切成薄片。

1. 鍋內倒入油、老薑片，以小火將老薑片煸炒至邊緣略為捲曲。
2. 將雞胸肉下鍋，逐片攤平於鍋裡，以中小火香煎。
3. 作法2煎至肉片邊緣出現一圈暈白色，翻面續煎。
4. 作法3肉色全變白色後，投入茭白筍拌炒數下後，蓋上鍋蓋以中小火燜煮約1分鐘。
5. 打開鍋蓋，加入麻油，拌炒均勻後即完成。

料理筆記
- 雞胸肉已用鹽抓拌過，故拌炒時無需額外添加鹽分。
- 麻油不耐高溫，故於起鍋前再加入，可保風味。

烤低脂豆腐豬肉堡便當

想吃漢堡但又擔心絞肉太過油膩時，
就來試試這道加了板豆腐及以低脂絞肉為基底的瘦身專享漢堡吧！
全程以烤箱烘烤完成，
於烘烤時可同時料理副菜或做廚房善後工作，
一舉數得。

副菜
蒜炒蘆筍奶油香菇 P.153
烤甜味茭白筍 P.156

烤低脂豆腐豬肉堡

▌材料　1～2人份

低脂豬絞肉…100g
板豆腐…100g
蛋黃液…少許
乾燥巴西里…少許

醃料
青蔥…1 根
醬油…1.5 小匙
香油…1/4 小匙
鹽…1/8 小匙
五香粉…少許
花椒粉…少許

▌作法

備料
- 板豆腐以手輕輕的擠掉水分。
- 青蔥切成蔥花。
- 低脂豬絞肉加入擠掉水分的板豆腐、蔥花及醃料，攪拌至肉餡出現黏性為止。

1. 將豬絞肉餡料分成 2 等份，並整形成圓餅狀。
2. 作法 1 放在鋪了烘焙紙的烤盤上，放進以攝氏 180 度預熱完成的烤箱烤約 15 分鐘。
3. 取出作法 2，刷少許蛋黃液後再放入烤箱，以攝氏 200 度回烤 5 分鐘即可取出。
4. 靜置約 5 分後，撒入少許乾燥巴西里裝飾即完成。

▌料理筆記

- 作法1可將肉餡於雙手手掌來回拋接數回，增加肉質彈性。
- 作法3可讓完成後的肉餅更有美味感。
- 材料中的花椒粉是這道料理的重要香氣來源，建議不要省略；花椒粉於一般超市即可購得。

醬香雞腿捲便當

睡前以鰹魚醬油醃製去骨雞腿，
一早捲成一捲後放入電鍋清蒸，
在等待電鍋料理的同時，即可著手準備副菜，
待雞腿蒸好時，副菜也完成了！
視覺、口味、效率都滿分。

副菜
香菜烤蛋 P.130
燜煎醬香娃娃菜 P.157
蜜汁紅蘿蔔 P.160

醬香雞腿捲便當

材料　3人份

去骨雞腿…2隻（各180g）
白芝麻…少許
香菜葉…適量（可省略）

醃料
醬油…2.5大匙
米酒…1.5大匙

作法

備料

- 切除雞腿邊緣多餘的油脂，並於肉面上以刀子輕劃幾刀（不要劃斷）後加入醃料，按抓均勻後靜置10分鐘（或置於冰箱醃2小時或過夜）。

1. 將醃好的雞腿置於鋁箔紙上，捲起後再把兩端捲好包緊。
2. 作法1放入鍋子裡（底部墊一磁盤或蒸架），放入電鍋蒸煮至開關鍵跳起後，再燜5分鐘即可取出（外鍋放入份量外150ml的清水）。
3. 起鍋後大略放涼再切塊，撒入白芝麻及些許香菜即完成。

料理筆記

- 於雞腿肉面上以刀子輕劃幾刀（不要劃斷）可幫助快速入味。
- 上了醃料的雞腿肉醃2個小時以上會更入味好吃，建議可於睡前醃製，一早取出捲妥後，即可放入電鍋蒸煮。
- 如手邊沒有鋁箔紙，可用料理用棉線將雞腿捲綑緊，放入有點深度的盤子（可盛裝肉汁）放入電鍋蒸煮，蒸妥後待涼解開棉線即可。

20分鐘
滑壘成功便當

即使時間很逼人,也能優雅完成瘦身便當。

總有不小心睡過頭或時間不足準備便當的時刻,就以豪爽卻又不失美味的滑壘成功便當,化解這一切並且漂亮得分!

蛋白質滿滿炒肉便當

於料理前先將副菜烤茭白筍放入預熱完成的烤箱香烤，
於等候烤箱的時間著手料理絞肉及毛豆仁，
最後再佐一顆太陽蛋，
很快速的就完成了蛋白質滿滿便當，
健康又美味。

副菜
太陽蛋佐七味粉 P.126
烤甜味茭白筍 P.156

蛋白質滿滿炒肉

材料　3～4人份

低脂豬絞肉…250g
熟毛豆仁…70g
熟紅藜麥…2大匙
蒜頭…4瓣
青蔥…2根
清水…1大匙

調味料
油…2小匙
白胡椒粉…少許
鹽…少許（視口味添加）

醬汁，調成一碗
醬油…1大匙
米酒…2小匙

作法

備料
- 蒜頭去皮後切成末。
- 青蔥切成蔥花。

1. 鍋內倒入油，以中小火將油預熱後，將豬絞肉、蒜末一起入鍋拌炒。
2. 豬絞肉炒至肉色變白時，倒入醬汁，拌炒至絞肉上了醬色。
3. 投入熟毛豆、熟紅藜麥入鍋，全部拌炒均勻。
4. 加入蔥花、白胡椒粉、少許鹽（視口味添加），全部拌勻後即完成。

料理筆記

- 此食譜為乾式炒肉，若喜歡口感濕潤些，可於調味料部分再添加少許水及醬油；另也可選購脂肪量較多的豬絞肉增加油潤口感。
- 如購買的是生毛豆仁，則以滾水（加些許鹽）汆燙4～5分後撈起鍋即成熟毛豆仁。
- 熟紅藜麥做法請見P.160「便利熟藜麥」。

蘆筍炒嫩雞肉薄片便當

清爽的蘆筍炒雞肉料理很適合健康飲食，
一起入鍋拌炒的辣椒除了能為料理畫龍點睛，
其微微的辣度也頗能為增加食欲，
很適合需提振胃口的時刻。

副菜
紅蘿蔔起司炒蛋 P.137
煎義大利香料奶油香菇 P.142

蘆筍炒嫩雞肉薄片

材料　2～3人份

雞胸肉…1塊（170g）
大蘆筍…3根（130g）
蒜頭…2瓣
辣椒…1條

醃料
醬油…1/2小匙
米酒…1/2小匙
白胡椒…少許

調味料
油…2小匙
鹽…少許
香油…1/4小匙

作法

備料

- 雞胸肉順紋切成薄片後加入醃料，抓拌後靜置10分鐘（或置於冷藏醃過夜）。
- 大蘆筍削去粗皮後斜切。
- 蒜頭去皮後切成末。
- 辣椒斜切。

1. 起一鍋滾水，水裡加入少許鹽（份量外），將切妥的大蘆筍入鍋汆燙1分鐘，撈起鍋後投入冰水中冰鎮定色。
2. 鍋內倒入油，以中小火將油預熱後，加入雞胸肉、蒜末，將雞胸肉雙面煎至肉色呈白色。
3. 加入作法1的蘆筍、辣椒、少許鹽、香油，快速拌勻後即完成。

料理筆記

- 做法1的冰鎮步驟，可讓蘆筍定色呈翠綠感，但也可省略此步驟。
- 做法3快速拌勻即可起鍋，可縮短雞肉片加熱的時間，保有嫩度。

清蒸蒜香鮮鯛魚便當

大塊無刺的鯛魚排很適合清蒸料理，
尤其是這道以洋蔥墊底的蒜香鯛魚排，
讓鯛魚鮮嫩又好吃，
底部的洋蔥吸滿了濃郁醬汁，
與米飯一起拌著吃，
鮮味、甜味在嘴裡炸開，令人滿足。

副菜
菠菜厚蛋燒 P.133
蒜炒高麗菜鮮木耳 P.155

清蒸蒜香鮮鯛魚

▌材料　2人份

鯛魚排…200g
洋蔥…半顆（130g）

調味料，調成一碗

日式鰹魚醬油（或和風醬油）…3大匙
米酒…1大匙
蒜泥…1/2小匙（約1大瓣蒜頭）
香油…1/4小匙
鹽…1/8小匙（或1小撮）

▌作法

備料
- 鯛魚排沖洗後切大塊（如電鍋直徑足夠，也可不切）。
- 洋蔥逆紋切絲。切法可參考 P.27。
- 青蔥切成蔥花。

1 將洋蔥絲墊於鍋底，鯛魚片置於洋蔥之上，淋入調味料。
2 電鍋的外鍋倒入 80ml 清水（份量外），將做法1入鍋蒸至開關鍵跳起即可取出。
3 撒入蔥花即完成。

料理筆記

- 建議使用鰹魚醬油風味較佳。
- 如使用一般醬油，則建議於調味料比例再做微調整（醬油少一些或鹽可省略）。
- 蔥花以切熟食的刀具切妥並於起鍋後再加入，可保衛生及翠綠感。

速炒鮮蔬牛肉便當

將高麗菜與紅蘿蔔均切成絲（或刨成絲），
可以加速這道料理的熟成時間，
牛肉片入鍋的時間縮短，也較能保有軟嫩，
另高麗菜與紅蘿蔔也順道解了容易膩口的牛肉味，
相互搭配剛好合宜。

副菜
熟紅藜麥炒蛋 P.136
汆燙翠綠四季豆 P.156

速炒鮮蔬牛肉

▌材料　2人份

牛里肌肉片（火鍋肉片）…250g
高麗菜…150g
紅蘿蔔…30g

醃料
醬油…2小匙
米酒…1小匙
研磨黑胡椒…少許
蒜頭…2瓣（磨成蒜泥）

調味料
油…2小匙
鹽…1/4小匙
香油…1/4小匙

▌作法

備料
- 高麗菜洗淨後切成細絲。
- 紅蘿蔔刨成細絲。
- 蒜頭去皮後磨成蒜泥（醃料用）。
- 牛肉片加入醃料，抓勻後靜置10分鐘（或置於冷藏醃過夜）。

1. 鍋內倒入油，以中小火將油預熱後，將醃好的牛肉片入鍋拌炒。
2. 牛肉炒至半熟時，加入高麗菜絲、紅蘿蔔絲拌炒至軟。
3. 以鹽、香油調味即完成。

▌料理筆記

- 高麗菜及紅蘿蔔均切成細絲，可讓這道料理更快炒熟，也能保有牛肉片的嫩口。
- 如果購買的牛肉火鍋肉片較大片，可大致對切或切成適口大小，以方便入口。

酒煎美味鮭魚便當

鮭魚的料理方式有很多種，
其中這道以米酒將鮭魚半煎半蒸的料理方式深得我心，
料理後廚房不會留有魚味，
鮭魚也少了腥味，
推薦您也料理看看。

副菜
- 熟紅藜麥炒蛋 P.136
- 家常高麗菜炒紅蘿蔔 P.138
- 美味香菜炒菇 P.146

酒煎美味鮭魚

▌材料　2～3人份
鮭魚…1 輪片（220g）

調味料
米酒…2 大匙
鹽…1/4 小匙
研磨黑胡椒…隨喜好

▌作法

備料
- 鮭魚沖洗後以廚房紙巾拭乾水分，魚面上輕撒鹽分，靜置 10 分鐘後以廚房紙巾將魚肉上的水分再度拭乾。

1. 取一平底鍋，將鮭魚入鍋以中小火直接乾煎（不用額外加油）。
2. 煎至鮭魚底部冒出小油泡，即可小心地將鮭魚翻面。
3. 翻面後，於鮭魚肉面上輕輕倒入米酒、蓋上鍋蓋，中小火燜煎至鍋內米酒完全蒸乾為止。
4. 打開鍋蓋，插入木筷 5 秒鐘後拔出，木筷有溫熱感即代表鮭魚幾乎全熟了。
5. 撒入研磨黑胡椒即完成。

料理筆記
- 全程以中小火慢煎，尤其是米酒入鍋時火力不可太大，以策安全。
- 蓋上鍋蓋可免於濺油，另以米酒燜煎可去魚腥及增加鮭魚的嫩度。
- 可於享用前擠入少許新鮮檸檬汁或胡椒鹽增加風味。

韓式櫛瓜豆腐雞便當

有點辣又不會太辣的韓式櫛瓜豆腐雞，口感極為豐富，用來拌飯拌麵都對味。當需要快速完成料理的緊迫時刻，這道美味的速成料理絕對是首選。

副菜 ｜ 橄欖油鹽麴紅蘿蔔 P.139

韓式櫛瓜豆腐雞

材料　2人份

雞胸肉…1 塊（140g）
板豆腐…100g
櫛瓜…1 條（150g）
起司…15g（帕瑪森乳酪絲）
蒜頭…2 瓣

醬汁，調成 1 碗
韓式辣椒醬…1 大匙
清水…1 大匙
韓式芝麻油…1/2 小匙 ※

醃料
鹽…1 小撮
研磨黑胡椒…少許
清水…1 小匙

調味料
油…2 小匙（分次加入）
鹽…1 小撮

作法

備料
- 雞胸肉縱切成條狀後再逐條切成小塊，加入醃料按抓後備用（或置於冷藏醃過夜）。
- 板豆腐以廚房紙巾輕輕按壓吸拭水分後（或以手輕輕擠掉水分），再將板豆腐捏碎或壓碎。
- 櫛瓜切滾刀塊。切法可參考 P.26。
- 蒜頭去皮後切成末。

1 鍋內倒入 1 小匙油，以中小火將油預熱後，加入蒜末、醃好的雞胸肉，炒至雞胸肉肉色變白色即起鍋。
2 同一鍋將櫛瓜、2 大匙清水（份量外）入鍋，炒至水分略收乾。
3 投入作法 1 的雞胸肉、碎板豆腐、醬汁，全部一起拌炒均勻。
4 加入起司，拌炒至起司融化即完成。

料理筆記

- 雞胸肉如於前一晚置於冰箱醃過夜，建議於料理前取出，待回至室溫再下鍋，可防出水。
- ※韓式芝麻油可改以香油取代。

蝦仁炒飯便當

將喜愛的食材切碎或切小塊、分段下鍋、組合拌炒，
起鍋前再簡單調味，蝦仁炒飯很迅速的就能完成了，
多樣化的組合搭配，每一口都能得到滿足。

蝦仁炒飯

▊ 材料　2人份

大隻蝦仁…9隻（240g，去腸泥）
熟糙米飯（冷飯）…約近2碗（150g）
青蔥…2根
四季豆…1小把（100g）
紅蘿蔔…1小塊（40g）

醃料
鹽…1/8小匙
研磨黑胡椒…少許
米酒…1小匙

調味料
油…1.5小匙（分次加入）
清水…1大匙
醬油…1/2大匙
鹽…2小撮（或少許）
研磨黑胡椒…少許
白胡椒粉…少許

▊ 作法

備料
- 大隻蝦仁去腸泥後加入醃料抓均備用（或置於冷藏醃過夜）。
- 四季豆去頭尾及兩側豆筋後切丁。
- 紅蘿蔔去皮後切成丁。
- 青蔥切成蔥花。

1. 取不沾鍋，鍋內倒入1/2小匙油，以中小火將油預熱後，將蝦仁入鍋香煎，煎至兩面均呈現紅色即起鍋。
2. 同一鍋，倒入1小匙油、四季豆丁、紅蘿蔔丁、清水，以中小火炒至水分略收乾。
3. 加入熟糙米飯，拌炒至米飯粒粒分明。
4. 放入作法1的蝦仁、調味料（鹽、醬油、研磨黑胡椒、白胡椒）拌炒均勻。
5. 撒入蔥花並拌勻即完成。

料理筆記
- 可找有信譽的商家購買已去殼去腸泥的大蝦仁；或直接購買帶殼的蝦子自行去殼去腸泥，方法請見P.25「去除蝦子腸泥方式」。
- 建議使用不沾鍋料理炒飯，利用鍋子不沾的特性，用少量的油即可讓炒飯粒粒分明、口感清爽。
- 蝦仁於冷藏取出時，建議略回溫至室溫再下鍋料理，可避免下鍋時生水。

熱炒牛肉玉米筍便當

抓醃過的滑嫩牛肉搭著玉米筍、青菜及義大利筆管麵，營養又美味。義大利筆管麵看似麻煩，但其實是一道方便又快速的主食選擇，與主菜一起拌炒或分別料理，都讓人食指大動。

副菜
- 蒜炒菠菜鮮香菇 P.152
- 清炒橄欖油蒜香義大利麵 P.168

熱炒牛肉玉米筍

▌材料　2～3人份

牛里肌肉火鍋肉片…150g
玉米筍…5支（60g）
青蔥…1根

醃料

醬油…2小匙
太白粉…1/2小匙 ※
糖…1/2小匙 ※
米酒…1小匙
研磨黑胡椒…少許

調味料

油…1小匙
鹽…1小撮（或依口味調整）

▌作法

備料

- 牛里肌肉片加入醃料，拌勻後靜置10分鐘（或置於冷藏醃過夜）。
- 青蔥切段，將蔥白段與蔥綠段分開擺放。
- 玉米筍洗淨後斜切塊，投入滾水汆燙1分鐘後起鍋。

1. 鍋內倒入油，以中小火將油預熱後，加入醃好的牛里肌肉片、蔥白段一起拌炒。
2. 牛里肌肉片炒至幾乎全熟時（肉色變深），加入汆燙過的玉米筍、蔥綠段、鹽一起拌炒。
3. 炒至牛里肌肉片全熟即完成。

▌料理筆記

- 如購買的牛里肌火鍋肉片較大片，可切成適口大小再料理。
- 也可加入辣椒一起拌炒，讓口感多些辣味，視覺也多了紅色襯托，更有美味感。

※飲食控制者可省略。

紙包鮮蔬鮭魚便當

烤箱一出爐就完成了三道料理，
短時間就能完成營養瘦身便當。
烤好後的洋蔥吸附了鮭魚的鮮美油脂，
全部一起入口真是太美味。

副菜
海帶芽蛋捲 P.128
薑炒枸杞娃娃菜 P.145

紙包鮮蔬鮭魚便當

▍材料　1～2人份

鮭魚…100g
洋蔥（小顆）…半顆（100g）
紅蘿蔔…1小塊（50g）

調味料
鹽…少許
研磨黑胡椒…少許

▍作法

備料
・鮭魚沖洗後以廚房紙巾或料理巾擦乾水分。
・洋蔥逆紋切絲。切法請參考 P.27。
・紅蘿蔔切片。

1 取一大張烘焙紙（長約 50cm），依序放上洋蔥絲、紅蘿蔔片、鮭魚，並均勻的撒上鹽及研磨黑胡椒。
2 將烘焙紙包起、兩側捲緊（完全密封），放入以攝氏 200 度預熱完成的烤箱，約烤 20 分鐘即完成。

料理筆記
・做法2可用各式包法，留意將食材完全密封即可；另也可用鋁箔紙取代烘焙紙。
・各品牌烤箱火力不一，請自行斟酌烘烤時間。

義式番茄炒嫩雞胸便當

香嫩雞肉、清新小番茄及濃郁九層塔組合而成的美味料理，
食材口味個自獨特卻又互不搶戲，
彼此搭配出完美好滋味。

副菜
彩椒乳酪烤蛋 P.134
鹽麴香甜玉米高麗菜 P.151

義式番茄炒嫩雞胸

■ 材料　2人份

雞胸肉…1 塊（180g）
小番茄…12 顆（120g）
九層塔葉…1 碗（或一小把）

醃料
鹽…1/4 小匙
清水…2 小匙（分 2 次抓拌時加入）
橄欖油…1 小匙
研磨黑胡椒…少許

調味料
橄欖油…1 小匙
義大利綜合香料…少許
鹽…1～2 小撮

■ 作法

備料
- 雞胸肉順紋切片（厚約 0.5cm），加入醃料並按抓至水分被雞肉吸收，靜置約 10 分鐘（或置於冷藏醃過夜）。
- 小番茄對半切或切塊。
- 九層塔葉洗淨後瀝乾水分。

1. 平底鍋內倒入油，以中小火將油預熱後，投入小番茄香煎至軟。
2. 作法 1 撥至鍋邊，騰出的空間放入醃好的雞胸肉香煎。
3. 煎至雞胸肉邊緣呈現一圈暈白色時，翻面續煎。
4. 雞胸肉全熟後，整鍋一起拌炒均勻。
5. 加入義大利綜合香料、九層塔葉、鹽，全部拌勻後即完成。

料理筆記

- 作法2的雞胸肉下鍋後，需將每片雞胸肉平均攤平於鍋底，使其平均受熱。
- 香煎雞胸肉時，一旁的小番茄仍需不時翻炒，以防小番茄煎焦。
- 九層塔葉亦可以甜蘿勒取代。

不翻熱更好吃的
常溫便當（冷便當）

連翻熱都免了,省時又便利!

利用早晨料理當天的午餐便當,經由妥善保存※,午餐時刻一到即可直接享用,免翻熱、不受場地限制,方便又快速。

★天氣較涼爽時,建議同時以保溫罐另備一份湯品,暖胃也暖心。

※妥善保存:請參閱P.11「晨間做便當,如何保鮮」。

清蒸優格雞胸佐蔓越莓便當

優格軟化雞肉的效果頗佳，
將醃過的雞胸肉以電鍋蒸熟後，
撒入少許蔓越莓乾並與生菜一起享用，低脂爽口。
適合當早午餐，另野餐時也很適合享用。

※僅適合常溫（冷）食用

副菜
- 牛奶蛋捲 P.127
- 球芽甘藍杏仁片 P.141
- 地瓜泥拌奶油燕麥 P.164

清蒸優格雞胸佐蔓越莓

▍材料　1～2人份

雞胸肉…1塊（160g）
蔓越莓果乾…隨喜好
蘿蔓生菜…隨喜好

醃料
希臘無糖原味優格…1大匙
鹽…1/4小匙
研磨黑胡椒…少許
米酒…2小匙

▍作法

備料
- 雞胸肉順紋切片（厚約0.5cm），加入醃料後按抓至醃料被雞胸肉吸收，靜置10分鐘（或冷藏醃過夜）。

1 將醃好的雞胸肉放入電鍋，外鍋倒入100ml的清水（份量外），蒸煮至電鍋的開關鍵跳起，即可取出。
2 盛盤後，加入蘿蔓生菜及蔓越莓果乾即完成。

料理筆記

適合常溫（冷）食用。

香嫩雞肉炒南瓜便當

不想煮米飯時就以蒸南瓜來取代澱粉吧，將蒸軟的南瓜泥與雞肉片拌在一起，正好滿足優質澱粉、珍貴蛋白質的需求，快速又營養。

副菜
煎蛋香豆腐 P.135
蒜炒菠菜鮮香菇 P.152

香嫩雞肉炒南瓜

▌ **材料**　2～3人份

南瓜…300g
雞胸肉…1塊（180g）
熟毛豆仁…70g

醃料

鹽…1/4小匙
黑胡椒…少許
米酒…1大匙

調味料

橄欖油…2小匙
鹽…1小撮

▌ **作法**

備料

- 南瓜去籽及皮後切小塊，放入電鍋（外鍋倒入份量外80ml的水）蒸熟後搗成泥狀。
- 雞胸肉順紋切片（厚約0.5cm），加入醃料並按抓至米酒完全被雞胸肉吸收為止，靜置10分鐘（或置於冷藏醃過夜）。

1. 鍋內倒入橄欖油，以中小火將油預熱後，將雞胸肉逐塊擺入鍋香煎。
2. 煎至雞胸肉邊緣出現一圈暈白時，投入熟毛豆仁一起拌炒。
3. 炒至雞肉全熟時，加入蒸熟的南瓜泥一起拌炒。
4. 撒入鹽調味，全部拌勻後即完成。

酪梨雞肉沙拉便當

酪梨的營養多到數不清，但酪梨於五大營養類被歸類為油脂類，故便當的副菜部分就以清爽為主要訴求吧，以多樣的料理及均衡的營養，滿足不同時刻的胃口。

※僅適合常溫（冷）食用

副菜｜義式小黃瓜炒紅蘿蔔 P.150
市售德國黑麵包及生菜

酪梨雞肉沙拉

▌材料　2～3人份

雞胸肉…1個（180g）
酪梨…1小顆（150g）
小番茄…3小顆

調味料 A
鹽…1小撮
研磨黑胡椒…少許
檸檬汁…1小匙

醃料
鹽…1/4小匙
清水…2小匙
油…1小匙
研磨黑胡椒…少許

調味料 B
油…1小匙
鹽…視口味添加

▌作法

備料
- 雞胸肉切片（厚約0.5cm）後加入醃料，按抓至水分被雞胸肉吸收為止（或置於冷藏醃過夜）。
- 小番茄對切，去籽後切丁。

1. 將酪梨取出果肉後搗成泥狀，加入番茄丁及調味料 A，拌勻備用。
2. 鍋內倒入油，以中小火預熱後，擺入醃好的雞胸肉片香煎，煎至雞胸肉邊緣出現一圈暈白色後翻面續煎，兩面均煎熟即可起鍋。
3. 將作法1拌與作法2拌勻即完成。

料理筆記
- 不適合再復熱，直接享用最美味。
- 全部完成後試一下味道，如覺得不夠鹹再加少許鹽調味即可。

蛋煎鯛魚塊便當

厚片鯛魚裹著蛋液一起入鍋香煎時，
香氣四溢令人垂涎，
副菜佐上清爽的清蒸白花椰菜及濃口的醬燒豆皮鮮木耳，
讓便當的口味、口感都別具特色。

副菜
醬燒豆皮鮮木耳 P.154
清蒸白花椰菜 P.159

蛋煎鯛魚塊

材料　2～3人份

鯛魚片⋯2片（170g）
雞蛋⋯1顆
檸檬⋯1/4顆

沾粉
麵粉（不限低中或高筋）⋯2大匙
鹽⋯1/4小匙
研磨黑胡椒⋯少許

調味料
油⋯2小匙

作法

備料
- 鯛魚片沖洗後，以廚房紙巾拭乾水分，於魚片上撒入1小撮鹽（份量外）抹勻，靜置5分鐘後再度拭乾水分。
- 沾粉調成一盤。
- 雞蛋打散成蛋液。

1 將鯛魚片各面沾上沾粉後，再移至蛋液裡沾裹蛋液。
2 鍋內倒入油，以中小火預熱後，將作法1逐塊入鍋香煎。
3 煎至鯛魚片底部呈現金黃色後，翻面續煎。
4 鯛魚片各面均呈現金黃色，且以筷子可輕易插入魚肉即可起鍋。
5 盛盤後，擠入少許檸檬汁即完成。

料理筆記

- 作法2待蛋液定形前都不翻動，待底部煎至定形且呈現金黃再翻面續煎。
- 如要裝入便當，建議將檸檬另外盛裝，享用前再擠入風味較佳。
- 另可撒些椒鹽粉增加口感層次。

韓式高麗菜豬肉捲便當

高麗菜的清甜被捲入豬肉片裡，
原屬清淡口感的蔬菜肉捲，
在韓式醬汁烹煮下，
立刻躍升為最受歡迎的便當主菜，
微辣中帶著清甜，風味好極了。

副菜
- 半月荷包蛋 P.136
- 橄欖油鹽麴紅蘿蔔 P.139
- 清蒸白花椰與青花菜 P.159

韓式高麗菜豬肉捲

■ 材料　2人份

豬梅花火鍋肉片…10 片（200g）
高麗菜絲…100g
白芝麻…少許

醬汁，調成 1 碗
清水…2 大匙
韓式辣椒醬…1 大匙
米酒…1 大匙
醬油…1 小匙
糖…1/2 小匙
韓式辣椒粉…1/4 小匙

調味料
韓式芝麻油…1 小匙

■ 作法

備料
· 豬肉片每 2 片一組，相互略交疊於平盤上，於肉片的中間處（或 1/3 處）擺入 20g 高麗菜絲，捲成肉捲狀。

1. 鍋內倒入韓式芝麻油並搖勻後，擺入高麗菜肉捲（接縫處朝鍋底），以小火將高麗菜肉捲煎至底部呈現金黃色且定形。
2. 作法 1 煎至定形後，即可將肉捲各面煎至全熟。
3. 倒入醬汁，煮至略為收汁即可起鍋。
4. 略放涼後再切塊，撒些許白芝麻即完成。

料理筆記

· 醬汁的辣度可自行調整，本食譜的辣度屬微辣但帶些許甜感，如喜愛辣度明顯的，可於韓式辣椒粉比例再增加。
· 全程以小火香煎即可。

快炒果香雞肉便當

以口味香甜的鳳梨來拌炒雞肉，其風味絕佳，趁著鳳梨的產季很適合多加料理；起鍋前加入的新鮮迷迭香葉讓風味提升許多，美味令人驚艷。

副菜
蒜炒醜豆 P.143
蒜炒黑胡椒綠豆芽 P.144

快炒果香雞肉

■ 材料

雞里肌肉…6 條（250g）
新鮮去皮鳳梨…100g
小番茄…7 顆（80g）
新鮮迷迭香…1 小株（可省略）
蒜頭…2 瓣

調味料

油…2 小匙
米酒…1 大匙
鹽…2 小撮

■ 作法

備料
- 雞里肌肉切除白色筋膜（切法可參考 P.26）後，每條雞里肌肉切成三等份。
- 蒜頭去皮後切成末。
- 鳳梨切小塊。
- 小番茄對切。

1 鍋內倒入油、蒜末，以中小火將蒜末炒香。
2 投雞里肌肉、米酒一起拌炒，炒至雞里肌肉肉色變白。
3 投入鳳梨及小番茄，拌炒至番茄變軟。
4 加入鹽、迷迭香葉，拌勻即完成。

料理筆記

迷迭香葉風味獨特，添加少許即可（或省略），另也可以乾燥迷迭香取代。

烤照燒鮭魚便當

便利的烤鮭魚為料理時間縮短許多，
將微甜的照燒醬料烘烤入味後，
與米飯一起入口，
心裡滿滿的幸福感倍增，
美味及滿足同時享用。

副菜
煎蛋香豆腐 P.135
茭白筍炒胡椒香菇 P.149

烤照燒鮭魚

■ 材料　1～2人份

鮭魚…100g
白芝麻…少許

調味料
醬油…1.5 小匙
蜂蜜…1 小匙
米酒…1/2 小匙
味醂…1/2 小匙

■ 作法

備料：
・鮭魚洗淨後拭乾水分，放入烤皿或耐高溫的容器裡，加入調味料拌勻後靜置 10 分鐘（或置於冷藏醃過夜）。

1 將醃好的鮭魚放入以攝氏 200 度預熱完成的烤箱，約烤 15 分鐘即可取出。
2 以刷具沾取烤皿底部醬汁並刷於烤好的鮭魚上，最後撒入少許白芝麻即完成。

料理筆記
・如不喜歡甜味太過明顯，蜂蜜比例可調整成1/2小匙。
・各品牌烤箱火力不一，請自行斟酌烘烤時間。

義大利香料檸檬雞柳便當

充滿異國風味的義大利綜合香料與雞肉一起料理非常適合，
用最簡易但不失美味的調味，
即能帶出食材最豐美的味道，
佐上清脆微辣的炒四季豆，
美味開動！

副菜
香辣四季豆 P.146
醬燒豆皮鮮木耳 P.154

義大利香料檸檬雞柳

材料　2～3人份

雞里肌肉…6條（250g）
檸檬…1/8顆

調味料A
鹽…1/4小匙
研磨黑胡椒…少許

沾粉，方便製作的份量調成一盤
鹽…1/4小匙
麵粉…2～3大匙
義大利香料…少許

調味料
油…2小匙
乾燥巴西里…少許

作法

備料
・雞里肌肉去除白色筋膜後（作法請參考P.26），於肉面上均勻的撒入調味料A。

1 將沾了調味料A的雞里肌肉，均勻的沾上沾粉（薄薄的一層）。
2 鍋內倒入油，以小火將油預熱並搖勻後，將作法1入鍋香煎。
3 煎至雙面均呈金黃色，且筷子可輕易插入雞里肌肉即可起鍋。
4 撒入些許乾燥巴西里點綴，享用前再擠入少許檸檬汁即完成。

料理筆記

・作法1僅需沾薄薄的一層粉末即可，建議於下鍋前再次抖掉雞里肌肉上多餘的粉末。
・香煎的過程中，如覺得鍋子太乾，可再倒入少許油。
・巴西里又稱洋香菜葉或荷蘭芹，於一般超市即可購得。
・如喜歡口味濃郁些，可於享用前灑入少許檸檬椒鹽或辣椒粉增添風味。

辣味雞塊便當

看似嗆辣的辣味雞塊，其實因為採用體型較長的大辣椒，所以辣度實屬微辣，如果喜歡辣感重些，也可採用辣度較高的辣椒，隨時調整食譜以順應喜好，正是自己料理最吸引人之處。

副菜
美味蔥蛋捲 P.131
香煎芝麻玉米筍 P.158
清蒸白花椰與青花菜 P.159

辣味雞塊

▌材料　2人份

雞胸肉…1塊（190g）
辣椒…2條
蒜頭…3瓣

醃料
鹽…1/4小匙
研磨黑胡椒…適量
清水…2小匙（分2次加入）
橄欖油…1小匙（最後再加入）

調味料
油…2小匙
鹽…視口味添加

▌作法

備料
- 雞胸肉切成小塊後加入醃料（清水分2次加入、橄欖油於最後一次抓拌時再加入），按抓至水分被雞肉吸收後，靜置10分鐘（或置於冷藏醃過夜）。
- 蒜頭去皮後切成末。
- 辣椒斜切。

1. 鍋內倒入油，以中小火將油預熱後，加入蒜末炒香。
2. 雞胸肉塊逐塊擺入鍋香煎，煎至肉的邊緣出現一圈暈白色，翻面續煎。
3. 煎至雞胸肉肉色全變白色時，加入辣椒一起拌炒。
4. 炒至木筷可以輕易插入雞胸肉即完成。

料理筆記

- 醃料中的「清水」分次抓拌，可讓雞胸肉保有水嫩口感，另最後才加入的橄欖油可讓雞胸肉擁有一層薄油，保住水分。
- 雞胸肉塊切成適口大小，可縮短入鍋香煎的時間；如擔心肉不夠熟，可取一塊剝開看熟度。
- 起鍋前試一下味道，如覺不夠鹹，再以少許鹽調味。

蒜苗炒牛奶嫩雞便當

一道在蒜苗產季絕對要多多料理的主菜，翠綠的蒜苗讓雞胸肉看起來更加可口，且經過拌炒後的蒜苗香甜不嗆，與經牛奶醃製而成的軟嫩雞胸肉，正好對味。

副菜
紅蘿蔔起司炒蛋 P.137
煎青花筍佐熟藜麥 P.159

蒜苗炒牛奶嫩雞

材料　2人份

雞胸肉…1 塊（180g）
蒜苗…1 根（50g）
辣椒…1 條

醃料

牛奶…1 大匙
鹽…1/4 小匙
研磨黑胡椒…少許

調味料

油…2 小匙
鹽…視口味添加

作法

備料
- 雞胸肉切片後加入醃料，抓拌後靜置 10 分鐘（或置於冷藏醃過夜）。
- 蒜苗洗淨後斜切（蒜綠與蒜白分開擺放）。
- 辣椒斜切。

1 鍋內倒入油，以中小火將油預熱後，加入醃好的雞胸肉片及蒜白，拌炒至雞胸肉肉色變成白色。
2 加入蒜綠及辣椒，拌炒至蒜綠變軟後即完成。

料理筆記

可於起鍋前試一下味道，如覺得不夠鹹再加少許鹽調味即可。

孩子也會喜歡的
媽媽牌豐盛便當

吸引目光、引發食欲！非媽媽牌美味料理莫屬了。

以健康的食材、討喜的口味烹調而成媽媽牌豐盛便當，道道適合成長中的孩子，當然也適合想品嚐口感豐富、菜色澎湃的時刻。

栗子燒雞腿便當

鹹甜鬆香的栗子燒雞腿很受孩子的歡迎，
可購買市售剝好殼的現成栗子直接料理，
讓這道料理不只好吃，
製作過程也不會太過繁瑣。

副菜
- 蒜炒黑胡椒綠豆芽 P.144
- 豆腐小番茄 P.155
- 醬醋糯米椒 P.161

栗子燒雞腿

材料　2〜3人份

去骨雞腿…2支（共380g）
熟栗子（去殼）…100g
白芝麻…少許

醬料，調成1碗
醬油…2大匙
味醂…1大匙
糖…1/4小匙
米酒…1小匙

作法

備料
・去骨雞腿切掉邊緣多餘油脂後切塊。

1. 取平底鍋，將切妥的雞腿肉下鍋，以中小火乾煎（先煎雞皮面，不用加油）。
2. 煎至雞皮呈現金黃酥脆感，翻面續煎。
3. 作法2煎至筷子可輕易插入雞腿肉中，即投入熟栗子、醬料。
4. 拌炒至醬料略為收汁，撒入少許白芝麻拌勻即完成。

料理筆記

・如不喜歡甜味太明顯，則可將調味料中的「糖」省略。
・將醬料預先調成一碗，一來方便沾取試口味，二來可讓料理流程更順手。

洋蔥炒孜然肉片便當

孜然的獨特香氣好適合與肉類一起料理，
但因為風味濃郁，
故建議添加少許即可，
以保有豬肉的美好風味；
是一道每樣調味料只能少量添加，
但又缺一不可的個性料理。

副菜
美味蔥蛋捲 P.131
蒜炒蘆筍奶油香菇 P.153

洋蔥炒孜然肉片

▌材料　2人份

豬小里肌肉…200g
洋蔥（小顆）…半顆 100g
青蔥…1 根

醃料
醬油…2 小匙
橄欖油…1 小匙
薑泥…1/2 小匙
米酒…1 小匙
孜然粉…少許
七味粉…少許

調味料
油…2 小匙（分 2 次入鍋）
清水…2 大匙
鹽…少許

▌作法

備料

- 豬小里肌肉切成薄片（0.5cm）。
- 洋蔥逆紋切絲。
- 青蔥切成蔥花。
- 薑磨成泥。
- 切妥的豬小里肌肉片加入蔥花及醃料，拌勻後靜置 10 分鐘（或置於冷藏醃過夜）。

1. 鍋內倒入 1 小匙油，以中小火將油燒溫熱後，加入洋蔥、清水，拌炒至洋蔥變軟後起鍋備用。
2. 同一鍋再倒入 1 小匙油、醃好的豬小里肌肉片，拌炒至肉色變成白色。
3. 投入作法 1 的洋蔥，拌炒均勻。
4. 加入少許鹽提味並拌勻即完成。

▌料理筆記

- 盛盤後可擺入少許蔥花點綴（也可省略）。
- 豬小里肌的脂肪含量低，切成薄片可縮短入鍋時間，保有嫩口感；如擔心口感乾柴，建議可改用油脂多些的梅花肉片。
- 洋蔥逆紋切可讓甜味釋放較多，但如喜歡較有口感辛嗆的洋蔥，建議可改成順紋切。切法請參考 P.27。

海苔雞柳便當

繫上了黑色腰帶的雞柳看起來很厲害的樣子啊!
其實料理方式很簡單,
將市售的海苔於雞柳中央處包妥,
直接下鍋香煎就完成了,
著實逗趣又美味。

副菜
海帶芽蛋捲 P.128
家常高麗菜炒紅蘿蔔 P.138

海苔雞柳

材料　2～3人份

雞里肌肉…6條（250g）
味付海苔…6小片

調味料
鹽…1/4小匙
研磨黑胡椒…少許
油…2小匙

作法

備料
- 雞里肌肉（雞柳）去除白色筋膜後，均勻的撒入鹽、黑胡椒備用（或置於冷藏醃過夜）。雞里肌肉去除白色筋膜方式可參考 P.26。
- 將雞里肌垂直擺放，於中間處包入海苔。

1. 取平底鍋，倒入油並以中小火將油預熱後，將包好海苔的雞里肌肉入鍋香煎（黏合處朝鍋底先煎）。
2. 第一面約煎 2 分鐘，或底部肉色呈現金黃色時翻面續煎。
3. 第二面也呈現金黃色，且筷子可輕易插入雞里肌肉即完成。

料理筆記

- 海苔會黏在雞里肌肉上，所以不用擔心下鍋後海苔會散開。
- 雞里肌的白色筋膜不易咬斷，建議於料理前切掉或抽出。

海量蔥燒嫩雞腿便當

去骨雞腿煎至焦香，
並於起鍋前撒入大量的蔥花，
蔥花吸附了雞皮的油脂，
香氣徹底釋放，
是一道快速又澎湃的美味料理。

副菜
花生四季豆 P.151
清蒸白花椰 P.159
咖哩蛋 P.162

海量蔥燒嫩雞腿

▌材料　2～3人份
去骨雞腿⋯2支（共350g）
青蔥⋯3根（約40g）

醃料
米酒⋯2小匙
鹽⋯1/2小匙
研磨黑胡椒⋯適量

▌作法

備料
- 去骨雞腿切除多餘油脂，切成適口大小後，加入醃料拌至米酒被雞腿肉吸收為止，靜置醃15分鐘（或置於冷藏醃過夜）。
- 青蔥切成蔥花。

1. 取平底鍋，將醃好的雞腿肉入鍋乾煎（雞皮朝鍋底），以中小火香煎。
2. 煎至雞皮呈現金黃酥脆狀，翻面續煎。
3. 作法2煎至以筷子可輕易插入雞腿肉即代表熟了。
4. 撒入大量蔥花，全部拌勻即完成。

料理筆記
- 雞腿下鍋後遇熱會縮小，所以不要切太小塊。
- 如置於冷藏醃製，取出後建議回溫至室溫再下鍋料理，可避免雞腿肉下鍋後冷熱差異太大而出水。

豆芽菜豬肉漢堡排便當

豬肉漢堡加入清脆爽口的豆芽菜，
不只讓口感更加爽口，還可減少不少熱量，
喜歡漢堡排但又擔心熱量攝取太多的時候，
就來份百吃不膩的豆芽菜豬肉漢堡吧！

副菜
- 煎蛋香豆腐 P.135
- 蒜炒芥藍花 P.143
- 芹菜炒嫩豆皮 P.149

豆芽菜豬肉漢堡排

▌材料　3～4人份

低脂豬絞肉…200g
有機豆芽菜…50g
雞蛋…1顆
青蔥…1根

調味料
醬油…2小匙
鹽…1小撮
香油…1/4小匙
五香粉…少許

▌作法

備料
- 豆芽菜洗淨後大致切幾刀。
- 青蔥切成蔥花。
- 豬絞肉加入切妥的豆芽菜、蔥花、雞蛋、調味料，全部攪拌至肉餡出現黏性為止（或置於冷藏醃過夜）。

1 以手將肉餡整型成肉餅狀（或直接將肉餡分成四等份）。
2 取平底鍋，鍋內倒入少許油（份量外），以中小火將油預熱後，將做法1下鍋香煎鍋。
3 作法2煎至底部呈現金黃色時，翻面續煎。
4 肉餅煎至以筷子插入後滲出透明肉汁且肉餅呈現緊實狀，即可起鍋。
5 起鍋後靜置5分鐘再享用或切塊。

▌料理筆記

- 做法1將雙手沾濕後再操作，可讓肉餡不沾手。
- 做法2肉餅下鍋後先不急著翻動，待底部定形後再翻面續煎。
- 做法5可讓肉汁回流並鎖住肉汁。

起司海苔豬肉捲便當

一捲一捲的海苔肉捲好可愛呀，
製作方式也很簡便，
僅將火鍋肉片捲入起司與海苔後香煎即可，
香氣四溢，滿足味蕾的最佳選擇。

副菜
- 菠菜厚蛋燒 P.133
- 蒜炒黑胡椒綠豆芽 P.144
- 蜜汁紅蘿蔔 P.160

起司海苔豬肉捲

▌材料　2～3人份

豬里肌肉片（火鍋肉片薄片）…8 片（150g）
岩燒海苔…8 片
乳酪絲…少許

調味料

鹽…少許
研磨黑胡椒…少許

▌作法

備料

- 豬里肌肉片攤平，擺入一片海苔、撒上少許乳酪絲後捲起。
- 將捲好的豬肉捲撒入少許鹽、研磨黑胡椒。

1 取平底不沾鍋，將豬肉捲接縫處朝下入鍋乾煎，以中小火煎至豬肉捲底部呈現金黃色且定形後，翻面續煎。
2 煎至豬肉捲各面均呈現金黃色即完成。

料理筆記

- 豬肉捲下鍋時由接縫處先煎，且定形前不急著翻動，可防豬肉捲散開。
- 豬肉片建議選擇火鍋肉片，較薄且易熟，香煎的過程中也較不易散開。
- 如使用的鍋子非不沾鍋，建議可於鍋裡加少許油後再開始料理。
- 如擔心豬肉捲中心未熟，可於中小火煎約6分鐘後，取一豬肉捲切開查看，以確認熟度。

黑胡椒蒜片雞腿便當

雞腿的油脂於鍋子裡充分釋放，
蒜片吸取了美味雞油，
兩者取得很好的平衡，缺一不可，
是一道令人愛不釋手的滿足料理。

副菜
家常高麗菜炒紅蘿蔔 P.138
醬燒塔香生豆皮 P.145

黑胡椒蒜片雞腿

■ **材料**　2～3 人份

去骨雞腿…2 支（360g）
蒜頭…6 瓣

醃料
鹽…1/2 小匙
研磨黑胡椒…適量

調味料
乾燥巴西里…少許

■ **作法**

備料
- 將去骨雞腿切除邊緣多餘油脂、於肉面輕劃幾刀（不要劃斷）、雞腿皮以叉子輕叉數下，將醃料平均撒於雞腿兩面，靜置 10 分鐘（或置於冷藏醃過夜）。
- 蒜頭縱向切成片，備用。

1. 將醃好的雞腿下鍋以中小火乾煎（雞皮朝鍋底），煎至雞皮呈現酥脆感時翻面續煎。
2. 作法 1 煎出雞油時，於雞油處放入蒜片，將蒜片煎至微金黃色時立即撈起鍋，備用。
3. 雞腿兩面煎至均呈現金黃色、木筷可輕易插入雞腿肉（插過的洞冒出透明肉汁）即可起鍋。
4. 起鍋後置於瀝油架上（或瀝油盤）靜置約 5 分鐘後再切塊。
5. 撒入作法 2 的蒜片及乾燥巴西里即完成。

料理筆記

- 本食譜採用不鏽鋼平底鍋烹調，故需熱鍋完成再將雞腿肉下鍋，以防沾鍋；如用不沾鍋則免熱鍋。
- 蒜片入鍋時需快速翻炒，待蒜片一呈現金黃色時立即起鍋，以免蒜片煎焦產生苦味。
- 作法 4 靜置可讓肉汁回流並鎖於肉裡。
- 將煎好的雞腿置於瀝油架上，可讓雞腿肉的底部也保持酥脆，不因蒸氣而變軟。

蜜汁豆腐牛肉便當

選用火鍋薄肉片將板豆腐包妥後香煎，
起鍋前刷上蜜汁醬料，
很快的就完成了大小朋友都會喜歡的蜜汁豆腐牛肉了。

副菜
白花椰菜米炒嫩蛋 P.129
香辣四季豆 P.146

蜜汁豆腐牛肉

材料　2人份
牛里肌肉片（火鍋肉片）…8片（130g）
市售板豆腐半盒…200g
青蔥…1根

醬汁，調成1碗
醬油…1.5大匙
蜂蜜…2小匙
米酒…1小匙

調味料
油…1小匙

作法

備料
- 板豆腐以廚房紙巾或料理布拭乾水分後，切成厚約1cm的正方切片（4.5cmX4.5cm）。
- 青蔥切成蔥花。

1 將每片牛里肌肉片包一塊板豆腐。
2 平底鍋倒入油，以中小火將油預熱後，放作法1香煎（接縫處朝鍋底先煎）。
3 將作法2底部煎熟且定形後，即可翻面續煎。
4 全部煎熟後，倒入醬汁煮至收汁即可起鍋。
5 盛盤後，撒入蔥花點綴即完成。

料理筆記
- 作法2煎至定形前都不要翻動它。
- 蔥花請以切熟食專用的刀具切妥後再加入，以保衛生。

金針菇牛肉捲便當

牛肉捲入滑口的金針菇，順口好吃，一個不小心就吃了好多個。
起鍋後的切面秀也很能療癒人心，
最後再撒入蔥花，畫龍點睛一番～令人食指大動。

副菜
美味蔥蛋捲 P.131
清炒橄欖油義式甜椒 P.140
嫩豆苗炒雪白菇 P.148

金針菇牛肉捲

材料　2～3人份

牛里肌肉片（火鍋肉片）…100g
金針菇…90g
青蔥…1根

調味料
油…1小匙
米酒…1～2小匙
鹽…少許
研磨黑胡椒…適量

作法

備料
- 牛里肌肉片3小片疊成一大片，撒上少許鹽、研磨黑胡椒後擺入適量金針菇（約30g）捲起，捲好後再度均勻的撒入少許鹽、研磨黑胡椒。

1. 平底鍋內倒入油，以中小火將油預熱後，將捲好的牛肉捲擺入鍋（接縫處朝鍋底先煎）。
2. 淋入1～2小匙米酒，蓋上鍋蓋以中小火燜煎1分鐘。
3. 打開鍋蓋後，將牛肉捲各面煎熟即可起鍋。
4. 將起鍋後的牛肉捲置於瀝油盤（或網架上），靜置5分鐘後切塊、撒上蔥花即完成。

料理筆記

- 蔥花請以切熟食專用的刀具切妥後再加入，以保衛生。
- 享用前撒入少許日式唐辛子（七味粉）也很對味。

快蒸鳳梨骰子豬便當

利用鳳梨酵素能使肉質更加軟嫩的特性來料理「快蒸鳳梨骰子豬」，口味清香微甜，肉質也很可口，連著湯汁一起盛入便當，絕對是令人期待的一餐。

副菜
青花筍炒香菇 P.154
咖哩蛋 P.162

快蒸鳳梨骰子豬

▋材料

豬後腿肉…200g
新鮮去皮鳳梨…100g
九層塔葉…1 小把

調味料

醬油…1 大匙
米酒…1 小匙
醬油膏…1 小匙
香油…1/4 小匙
白胡椒粉…少許

▋作法

備料
· 豬肉切成小正方塊（約 2cm×2cm）。
· 鳳梨切小塊。
· 九層塔洗淨後取葉子部分，大致切細。

1 將豬肉、鳳梨及調味料全部一起拌勻，置於冰箱冷藏醃過夜（或醃 2 小時）。
2 電鍋的外鍋倒入 100ml 的清水（份量外），將作法 1 放入電鍋蒸至開關鍵跳起即可取出。
3 取出後，趁熱加入九層塔葉拌勻即完成。

料理筆記

· 取分隔便當盒來盛裝，連湯汁一起裝入同時享用風味最佳。
· 九層塔葉讓這道料理口感更有層次感，建議不要省略。

副菜
便當的好伙伴

健康便當不可或缺的好伙伴

道道簡易好上手,為營養再加分。

太陽蛋

■ 材料　約 1 人份

雞蛋…1 顆

變化調味料
A. 黑胡椒 + 七味粉
B. 海苔絲
C. 蔥花

調味料
油…1/4 小匙
鹽…少許
清水…2 大匙

■ 作法

備料
・將蛋白與蛋黃分開擺放。

1. 取平底鍋，鍋內擺入煎蛋器，於煎蛋器圓型裡倒入油，以小火將油預熱。
2. 將蛋白倒入煎蛋器圓型範圍裡。
3. 待蛋白略凝固後，將蛋黃緩緩放入中央處。
4. 以小火煎至蛋白完全凝固時，取一扁匙於圓型模型內側劃一圈，取出煎蛋模型。
5. 於鍋邊倒入 2 大匙清水，並將蛋移至清水中，使其浸到水分。
6. 小火持續煎至喜歡的蛋黃熟度即可起鍋。
7. 起鍋後，輕撒少許鹽調味，另可加入各式變化調味料即完成。

料理筆記

・請使用新鮮或來源可靠的雞蛋。
・作法5可以讓蛋白吃起來嫩嫩的，但也可省略。
・如喜歡蛋黃熟些，可於作法5時，加蓋鍋蓋燜煎至喜歡的熟度，但燜煎後的成品將不會有蛋白蛋黃分明的漂亮視覺感。
・煎蛋白的過程如有起空氣泡泡，則以筷子戳破即可。
・蛋黃放入時，可以鍋鏟輔助將蛋黃輕推至中央處固定。

副菜
補個蛋白質
營養蛋料理

牛奶蛋捲

材料　3～4人份
雞蛋…4顆

調味料 A
牛奶…2大匙
鹽…1/4小匙
味醂…1/4小匙

調味料 B
油…2小匙

作法
1. 雞蛋加入調味料 A，打散均勻成蛋液。
2. 取平底鍋，鍋內倒入油並以中小火將油預熱後，將蛋液倒入鍋裡。
3. 作法 2 煎至鍋邊蛋液略凝固時，持兩支鍋鏟相互輔助將蛋液捲成蛋捲狀（從鍋邊開始捲起）。
4. 爐火轉成小火，將蛋捲慢慢煎熟或煎至紮實狀即可起鍋。
5. 作法 4 放入壽司捲簾捲緊，靜置 5 分鐘後取出切塊即完成。

料理筆記
作法5可省略，直接於蛋捲略放涼後，切塊即可。

海帶芽蛋捲

■ 材料　2～3人份

雞蛋…3顆
乾燥海帶芽…5g

調味料
米酒…1小匙
鹽…少許
白胡椒粉…少許

■ 作法

備料
- 將乾燥海帶芽浸泡冷水約5分鐘後瀝掉水分。

1 取一容器打入雞蛋、泡開的海帶芽、調味料，全部拌勻後備用。
2 平底鍋內倒入油（份量外），以中小火將油預熱後倒入作法1的蛋液。
3 將蛋液煎至邊緣略凝固時，持兩支鍋鏟相互輔助將蛋液捲成蛋捲狀（從鍋邊開始捲起）。
4 將蛋捲煎至紮實狀或筷子插入取出後，筷子未沾黏蛋液及有溫熱感，即可起鍋。
5 略放涼後切塊即完成。

白花椰菜米炒嫩蛋

▌材料　2人份

白花椰菜…200g
雞蛋…2 顆

調味料

油…2 小匙
鹽…1/4 小匙
黑胡椒粉…少許

▌作法

備料
· 白花椰菜洗淨後去除粗皮並切成小朵。
· 起一鍋滾水，將白花椰菜入鍋汆燙 1 分鐘後撈起鍋，切碎。

1 雞蛋打入容器裡，放入備料完成的白花椰菜碎、鹽拌勻。
2 鍋內倒入油，以中小火將油預熱後，倒入作法 1。
3 作法 2 煎至略為凝固時，開始拌炒。
4 炒至蛋液全熟時，撒些許黑胡椒粉拌勻即完成。

香菜烤蛋

▌材料　1人份

雞蛋…1 顆
香菜梗…1 小株
香菜葉…1～2 片

調味料

橄欖油…少許
鹽…少許
七味粉…少許

▌作法

備料

・香菜梗洗淨後切成末，香菜葉不切。

1 取一圓徑約 7.5cm 的小烤皿，並於烤皿內塗上一層薄薄的橄欖油。
2 香菜梗放入烤皿裡。
3 將雞蛋打入烤皿，放入以攝氏 180 度預熱完成的烤箱，約烤 15 分鐘。
4 自烤箱取出後，持一扁匙於烤皿內緣劃一圈，即可輕易取出烤蛋。
5 撒入少許鹽及七味粉即完成。

料理筆記

・烤箱需預熱；取出烤蛋時，留意烤皿燙手。
・香菜亦可以少許蔥花取代。

美味蔥蛋捲

材料　3人份

雞蛋…4 顆
青蔥…3 根

調味料

鹽…1/4 小匙
白胡椒粉 …少許

作法

備料

・青蔥切成蔥花。

1. 雞蛋加入蔥花及調味料，打散均勻。
2. 平底鍋內倒入少許油（份量外），以中小火將油預熱後，倒入作法 1 的蛋液香煎。
3. 煎至鍋邊蛋液略凝固時，以兩支鍋鏟相互輔助，將蛋液捲成蛋捲狀。
4. 將蛋捲煎至呈現紮實狀，或插入筷子再取出後，筷子無沾黏蛋液且有溫熱感即可起鍋。
5. 作法 4 置於壽司捲簾上，緊緊捲起並靜置片刻定形，待定形後即可取出並切塊。

料理筆記

作法5可省略，直接於蛋捲略放涼後，切塊即可。

簡易番茄炒蛋

▍材料　2～4人份

雞蛋…4顆
小番茄…12顆（約100g）
青蔥…1根

調味料
油…2小匙（分2次入鍋）
鹽…2小撮

▍作法

備料
・小番茄洗淨後對半切。
・雞蛋加1/8小匙鹽（份量外），攪拌成蛋液。
・青蔥切成蔥花。

1 取平底鍋，鍋內倒入1小匙油，以中小火將油預熱後，加入小番茄拌炒至軟。
2 將作法1的小番茄撥至鍋邊，騰出的鍋子空間倒入1小匙油、蛋液，快速的拌炒蛋液至略為凝固。
3 作法2的蛋液略凝固後，即可與鍋邊的小番茄一起翻炒。
4 炒至喜歡的熟度後，加入鹽、蔥花，拌勻後即完成。

菠菜厚蛋燒

▌材料　3～4人份

菠菜…3 株（130g）
雞蛋…3 顆
蒜頭…1 瓣

調味料
油…2 小匙
鹽…1/4 小匙

▌作法

備料
・菠菜洗淨後切細。
・蒜頭去皮後切成末。

1 雞蛋加入鹽並打散成蛋液備用。
2 平底鍋（28cm）倒入油、蒜末，以中小火將蒜末炒香。
3 投入菠菜一起拌炒，炒軟後，將菠菜平均撥散於鍋面。
4 緩緩倒入蛋液，讓蛋液覆蓋於菠菜，煎至蛋液略凝固後，以鍋鏟將蛋液折成厚實的長條狀。
5 將作法 4 各面煎熟或煎至紮實狀即可起鍋。
6 略放涼後切塊即完成。

彩椒乳酪烤蛋

■ 材料　2～3人份

紅色甜椒…半顆
黃色甜椒…半顆
雞蛋…2顆

■ 調味料

鹽…適量
研磨黑胡椒…少許
莫札瑞拉起司絲（mozzarella cheese）…20g
乾燥巴西里…少許（可省略）

■ 作法

備料

・將紅黃色甜椒各縱向對切，去掉籽、洗淨、拭乾水分。

1 將切妥的甜椒撒入少許鹽、研磨黑胡椒，放入微波爐（700W）以強火微波加熱1分鐘後取出。
2 各打入一顆雞蛋於作法1裡，再撒些鹽及研磨黑胡椒，放入以攝氏200度預熱完成的烤箱，烤約15分鐘。
3 取出，放上乳酪絲、撒上少許乾燥巴西里。
4 再放入烤箱回烤5分鐘，或烤至喜歡的焦度即完成。

料理筆記

作法1先微波可縮短烘烤時間。

煎蛋香豆腐

▋材料　2～3人份

市售板豆腐…半盒（共 180g）
雞蛋…2 顆

調味料

油… 2 小匙
鹽…1/8 小匙
白胡椒粉…少許

▋作法

備料
- 雞蛋打入容器裡並加入鹽、白胡椒粉，攪拌成蛋液。
- 板豆腐以廚房紙巾或料理布拭乾水分後切片。

1 平底鍋裡倒入油，以中小火將油預熱後，將板豆腐入鍋香煎。
2 板豆腐煎至兩面都呈現金黃色時，倒入蛋液。
3 蛋液略凝固成蛋皮時，以鍋鏟將板豆腐與蛋皮逐塊切開，讓每塊板豆腐都裹著蛋皮。
4 煎至喜歡的熟度，即完成。

料理筆記

蛋液已預先調味，故香煎的過程無需再調味，但如覺得不夠鹹，可於享用前加少許醬油膏或XO醬增加風味。

半月荷包蛋

▌材料　1人份
雞蛋…1 顆

調味料
油…1 小匙
鹽…1 小撮

▌作法
1. 鍋內倒入油，以中小火將油預熱後打入雞蛋。
2. 蛋白略變成白色時，以鍋鏟將蛋白輕輕對折。
3. 作法 2 煎至底部變成金黃色後，翻面續煎。
4. 煎至喜歡的熟度後，撒一小撮鹽調味即完成。

料理筆記
- 作法2可持鍋鏟輕輕壓著輔助定形，待定形後再將鍋鏟移開即可。
- 作法4可不加鹽，待起鍋後加入醬油、醬油膏或其他調味料。

熟紅藜麥炒蛋

▌材料　3～4人份
雞蛋…4 顆
牛奶…2 大匙
熟紅藜麥…1 大匙

調味料
鹽…1/8 小匙
油…2 小匙

▌作法
備料
- 將雞蛋、熟紅藜麥、牛奶、鹽，全部一起打散成蛋液。

1. 鍋內倒入油，以中小火將油預熱後，倒入蛋液，並以一雙筷子不停的畫圓攪拌至蛋液凝固為止。
2. 蛋液一凝固即關爐火，讓鍋子的餘溫將蛋液拌炒至喜歡的熟度即完成。

料理筆記
熟紅藜麥作法請參考P.160「便利熟藜麥」。

薑味木耳炒蛋

▊ 材料　3～4 人份

雞蛋…3 顆
木耳…150g
老薑…1 小塊（5g）

調味料
鹽…1/8 小匙
香油…1/4 小匙
油…2 小匙
清水…2 大匙

▊ 作法

備料
・老薑切成片再切成絲。
・木耳手撕成適口大小。

1. 鍋內倒入 1 小匙油，以中小火將油預熱後，打入 3 顆雞蛋，以筷子大致拌炒至半熟時起鍋備用。
2. 同一鍋，倒入 1 小匙油，將薑絲、木耳、清水一起入鍋拌炒。
3. 炒至香氣飄出時，加入作法 1 的炒蛋，拌炒至雞蛋全熟。
4. 起鍋前加入鹽、香油調味即完成。

料理筆記
作法1不預先將蛋打散成蛋液，可讓蛋白與蛋黃分明，增加美味感。

紅蘿蔔起司炒蛋

▊ 材料　2～3 人份

紅蘿蔔…1 小塊（70g）
雞蛋…3 顆
帕瑪森起司…15g

調味料
油…2 小匙
鹽…少許

▊ 作法

備料
・紅蘿蔔切片後再切成絲。
・雞蛋打成蛋液。

1. 鍋內倒入油，以中小火將油預熱後，加入紅蘿蔔絲拌炒至軟。
2. 倒入蛋液，同時以一雙筷子不停的拌炒至蛋液凝固。
3. 撒入帕瑪森起司、少許鹽。
4. 關爐火，以鍋子的餘溫將起司拌炒至融化即完成。

料理筆記
起司已有些許鹹味，故起司下鍋拌至融化後再試一下味道，以斟酌鹹分的份量。

厚切番茄起司燒

■ 材料　2～3人份

大番茄…1顆（160g）
乳酪絲…少許（約5g）

調味料

油…1～2小匙
鹽…1小撮
乾燥巴西里…少許（洋香菜葉）

■ 作法

備料

- 番茄洗淨後，橫向切成厚片（厚約1cm）。

1. 平底鍋內倒入油，以小火將油預熱後，將番茄逐片擺入鍋香煎。
2. 作法1煎至番茄呈微金黃色後，翻面續煎。
3. 於每片番茄片上，放入少許乳酪絲。
4. 蓋上鍋蓋，小火燜煎約1分鐘後即可起鍋。
5. 盛盤後，撒入少許乾燥巴西里點綴即完成。

料理筆記

- 切番茄前將刀子磨利些，即可輕易切出漂亮切面。
- 將番茄厚切（1cm）再料理，成品較有豐盛感。

家常高麗菜炒紅蘿蔔

■ 材料　2～3人份

高麗菜…300g
紅蘿蔔絲…60g
蒜頭…3瓣

調味料

油…2小匙
鹽…1/4小匙
清水…2大匙

■ 作法

備料

- 高麗菜洗淨後切小塊（或手剝成小葉）。
- 紅蘿蔔去皮後切絲。
- 蒜頭去皮後切成末。

1. 鍋內倒入油，以中小火將油預熱後，加入蒜末、紅蘿蔔絲拌炒。
2. 作法1紅蘿蔔炒軟後，加入高麗菜、清水，拌炒數下後蓋上鍋蓋燜煮。
3. 作法2燜煮至鍋蓋邊緣冒出少許白煙時，打開鍋蓋大致翻炒。
4. 加入鹽調味即完成。

料理筆記

裝入便當時瀝掉湯汁或以分隔便當盒盛裝。

橄欖油鹽麴紅蘿蔔

▌材料　2人份
紅蘿蔔…1條（150g）

調味料
橄欖油…1.5大匙
鹽麴…2小匙

▌作法

備料
- 將紅蘿蔔削皮後，以削皮器縱向刨成薄片條狀，備用。

1. 鍋內倒入橄欖油及刨成薄片的紅蘿蔔，以中小火將紅蘿蔔炒軟。
2. 加入鹽麴，拌勻並炒香即完成。

水油炒塔香白花椰菜

▌材料　2人份
白花椰菜…250g
九層塔葉…1小把（15g）

調味料
油…1小匙
鹽…1～2小撮
清水…2大匙

▌作法

備料
- 白花椰菜洗淨後切成小朵（如有粗皮則以刨刀削除）。
- 九層塔洗淨後摘取葉子部分並大致切碎（切碎易變黑，故建議料理當下再切）。

1. 鍋內加入白花椰菜、清水，蓋上鍋蓋以中小火燜煮2分鐘。
2. 打開鍋蓋，加入九層塔、鹽及油，全部拌勻即完成。

清炒橄欖油義式甜椒

■ 材料　2人份
黃甜椒…半顆（75g）
紅甜椒…半顆（75g）

調味料
鹽…1/8 小匙（或少許）
橄欖油…2 小匙
義大利綜合香料…適量

■ 作法

備料
· 黃、紅甜椒洗淨後各取半顆，去籽後切塊。

1 鍋內倒入橄欖油，以中小火將油預熱後，放入切妥的甜椒。
2 將作法 1 的甜椒炒至喜歡的熟度，加入鹽、義大利綜合香料調味即完成。

料理筆記
如果喜歡口感較軟的甜椒，可加少許水分入鍋，並蓋上鍋蓋燜炒1〜2分鐘即可。

炒蒜辣蘆筍

■ 材料　2人份
大蘆筍…4 根（190g）
蒜頭…3 瓣
辣椒…半根

調味料
油…1 小匙
鹽…1/4 小匙
清水…2 大匙
研磨黑胡椒…少許

■ 作法

備料
· 大蘆筍以刨刀刨掉莖部粗皮，切滾刀塊。
· 蒜頭去皮後切薄片。
· 辣椒斜切。

1 鍋內倒入油、蒜片，以中小火將蒜片炒香。
2 加入大蘆筍、清水，拌炒至大蘆筍顏色轉成翠綠色。
3 加入辣椒、鹽、研磨黑胡椒，拌炒均勻即完成。

球芽甘藍杏仁片

■ 材料　2～3人份
球芽甘藍…7 顆
無調味杏仁片…1 大匙

調味料
油…1 小匙
鹽…少許

■ 作法

備料
- 球芽甘藍洗淨後大致拭乾水分，縱向對切。

1 平底鍋內倒入油，以小火將油預熱後，將球芽甘藍入鍋香煎（切面朝鍋底先煎）。
2 作法 1 煎至底部呈現微金黃色時，翻面續煎。
3 煎至球芽甘藍幾乎全熟時，加入杏仁片、少許鹽拌炒。
4 杏仁片炒出香味即完成。

料理筆記
- 如使用的球芽甘藍較大顆，則切成四等份。
- 球芽甘藍有微微的天然苦味，與杏仁片一起料理可中和苦味感。
- 杏仁片易焦，下鍋後需留意火候。

拌炒醬味洋蔥香菇

■ 材料　2人份
洋蔥（大顆）…半顆（200g）
香菇…3 朵（70g）
青蔥…1 根

調味料
油…1 小匙
清水…2 大匙
醬油…2 小匙
研磨黑胡椒…少許
鹽…1 小撮（視口味添加）

■ 作法

備料
- 洋蔥順紋切成絲。
- 香菇切片。
- 青蔥切成蔥花。

1 鍋內倒入油，以中小火將油預熱後，投入洋蔥、香菇、清水，拌炒至洋蔥熟軟。
2 加入醬油，拌炒至洋蔥上了醬色。
3 投入黑胡椒、蔥花、鹽（視口味添加），拌勻後即完成。

料理筆記
- 醬油比例請依各品牌鹹淡度而微調整，可於起鍋前試一下味道，如覺不夠鹹再加少許鹽提味即可。
- 如較喜歡口感較甜及軟嫩的洋蔥，可將切法改成逆紋切。

煎義大利香料奶油香菇

■ 材料　2人份
新鮮香菇…5朵（130g）

調味料
無鹽奶油…5g
鹽…少許
義大利綜合香料…少許

■ 作法

備料
・將香菇蒂頭切除，以刀子刻出十字花。

1 取平底鍋，將香菇下鍋以小火乾煎。
2 作法1煎至底部呈微金黃色且香味飄出，翻面續煎。
3 香菇全部煎軟且熟後，將鹽、義大利香料均勻的撒入鍋。
4 投入無鹽奶油，搖晃鍋子以幫助奶油融化，同時讓香菇充分沾到調味料即完成。

料理筆記
・香菇下鍋後直到加調味料前都不要翻動，可讓香菇在乾煎的過程減少出水。
・如果使用的香菇較大朵，可將十字刻花改成米字刻花，視覺上會更漂亮。
・刻花所切下的蒂頭及邊屑不要丟棄，可用於其他料理。

蒜炒芥蘭花

▋ 材料　2 人份

芥蘭花…230g
蒜頭…1 瓣
清水…2 大匙

調味料

油…2 小匙
鹽…少許

▋ 作法

備料

- 芥蘭花洗淨後，去粗絲切段（粗梗與嫩葉分開擺放）。
- 蒜頭去皮切成末。

1. 鍋內倒入少許油，以中小火將油預熱後加入芥蘭花的粗梗、蒜末，炒香。
2. 投入芥蘭花嫩葉、清水，拌炒至芥蘭花葉轉成翠綠色。
3. 以鹽調味即完成。

蒜炒醜豆

▋ 材料　2 人份

醜豆…200g
蒜頭…1 大瓣

調味料

油…1 小匙
清水…2 大匙
鹽…少許

▋ 作法

備料

- 醜豆洗淨後摘除兩側豆筋及頭尾，切成段。
- 蒜頭去皮切成末。

1. 鍋內倒入油，以中小火將油預熱後加入蒜末，炒香。
2. 加入醜豆、清水，拌炒數下後蓋上鍋蓋，燜煮約 1 分半鐘左右。
3. 打開鍋蓋，以鹽調味並拌勻即完成。

料理筆記

如喜歡口感較軟的醜豆，則加清水50ml並以中小火燜煮約2分鐘即可。

蒜炒黑胡椒綠豆芽

■ 材料　2人份
有機綠豆芽…1 包（180g）
蒜頭…2 瓣
辣椒…1 條

調味料
油…2 小匙
鹽…1/8 小匙
研磨黑胡椒…適量
清水…2 小匙

■ 作法

備料
・有機綠豆芽洗淨，瀝乾水分。
・蒜頭去皮切成末。
・辣椒斜切。

1 鍋內倒入油，以中小火將油預熱後加入蒜末、辣椒，炒香。
2 加入綠豆芽、清水，拌炒至綠豆芽變軟。
3 以鹽及研磨黑胡椒調味即完成。

番茄炒花椰菜

■ 材料　2人份
花椰菜…250g
番茄…1 顆（100g）
蒜頭…2 瓣

醬汁，調成 1 碗
醬油…2 小匙
清水…2 大匙

調味料
油…2 小匙
鹽…1 小撮

■ 作法

備料
・花椰菜洗淨後，切成小朵、去粗皮。
・番茄切塊。
・蒜頭去蒜皮後以刀背拍扁。

1 煮一鍋滾水，加入少許鹽（份量外），將花椰菜入鍋汆燙 1 分鐘後撈起鍋，瀝乾水分備用。
2 鍋內倒入油，以中小火將油預熱後，投入番茄、蒜頭，拌炒至番茄變軟。
3 投入作法 1 的花椰菜、醬汁，拌炒均勻。
4 起鍋前以少許鹽提味即完成。

薑炒枸杞娃娃菜

▌材料　2人份

娃娃菜…200g
薑…6g
枸杞…1 大匙

調味料

鹽…1/8 小匙
清水…50ml
油…1 小匙

▌作法

備料

・將枸杞以熱水稍微泡軟後撈起。
・娃娃菜洗淨後切滾刀塊。
・薑切成絲。

1. 鍋內倒入油，以中小火將油預熱後，加入薑絲，炒香。
2. 投入娃娃菜、清水，拌炒數下後，蓋上鍋蓋燜煮約 1 分鐘。
3. 打開鍋蓋，加入枸杞、鹽，拌勻後即完成。

料理筆記

・食材中的老薑亦可以嫩薑取代。
・不要燜煮太久，讓娃娃菜保有脆口感，更美味。
・枸杞勿浸泡太久，以保甜味。

醬燒塔香生豆皮

▌材料　2人份

生豆皮…3 片（200g）
九層塔…1 把
蒜頭…3 瓣
辣椒…1 根

調味料

油…2 小匙
香油…1/4 小匙

醬料，調成 1 碗

清水…2 大匙
醬油…1.5 大匙
糖…1/4 小匙

▌作法

備料

・生豆皮切成喜歡的大小或長度。
・蒜頭去皮後切成末。辣椒斜切。
・九層塔洗淨，取葉子部分。

1. 鍋內倒入油，以中小火將油預熱後，加入蒜末及辣椒，炒香。
2. 加入生豆皮，拌炒至生豆皮呈現微金黃色。
3. 倒入醬料，煮至生豆皮上了醬色。
4. 投入九層塔葉、香油，拌勻後即完成。

料理筆記

・生豆皮為未經油炸的豆製品，蛋白質含量豐富，可於超市或傳統市場購得。
・醬油依各品牌口味鹹淡不一，請自行微調醬油比例。

香辣四季豆

■ 材料　2人份
四季豆…1小把（130g）
乾辣椒…5g
蒜頭…4瓣

調味料
油…1小匙
清水…2大匙
鹽…1～2小撮

■ 作法

備料
- 四季豆洗淨後摘除兩側豆筋及頭尾，切成段。
- 乾辣椒以料理剪刀剪成小段。
- 蒜頭去皮切成末。

1. 鍋內倒入油，以中小火將油預熱後，投入蒜末炒香。
2. 四季豆、清水入鍋，拌炒至四季豆幾乎熟透。
3. 加入乾辣椒、鹽，拌勻即完成。

美味香菜炒菇

■ 材料　2人份
杏鮑菇…2大條（160g）
香菜…1小株

調味料
油…2小匙
鹽…1/8小匙
白胡椒粉…少許

■ 作法

備料
- 杏鮑菇切成滾刀塊。
- 香菜洗淨後切細（切碎易變黑，故建議料理當下再切）。

1. 平底鍋內倒入油，以中小火將油預熱後，杏鮑菇擺入鍋香煎，煎至底部呈現金黃色。
2. 作法1煎至金黃色後，加入鹽、白胡椒粉大致拌炒均勻。
3. 起鍋前加入香菜末，全部拌勻即完成。

料理筆記
- 作法1的杏鮑菇每塊都攤平於鍋底，使其平均受熱，另煎至金黃色時不翻動可防止出水。
- 香菜亦可以芹菜末取代。

蒜炒四季豆玉米筍

■ 材料　2人份
四季豆…1把（150g）
玉米筍…4支（50g）
蒜頭…1瓣

調味料
油…2小匙
清水…2大匙
鹽…1/4小匙

■ 作法

備料
- 將玉米筍刷洗乾淨後切滾刀塊。
- 四季豆去除兩側豆筋及頭尾蒂頭。
- 蒜頭去皮後切成末。

1. 鍋內倒入油，以中小火將預熱後，投入蒜末，炒香。
2. 將切妥的四季豆、玉米筍、清水一起入鍋拌炒，炒至四季豆呈翠綠色。
3. 加入鹽拌炒均勻，即完成。

辣炒高麗菜鮮香菇

■ 材料　2人份
高麗菜…280g
香菇…3朵（75g）
蒜頭…1瓣

調味料
油…2小匙
清水…2大匙
鹽…1/4小匙
七味粉…少許

■ 作法

備料
- 高麗菜洗淨後切成適口大小。
- 香菇隨意切成小塊。
- 蒜頭去皮後切成末。

1. 鍋內倒入油，以中小火將預熱後，投入蒜末，炒香。
2. 將切妥的香菇入鍋拌炒，炒至飄出香氣且香菇變軟。
3. 投入高麗菜、清水拌炒至高麗菜變軟。
4. 加入鹽、七味粉拌炒均勻，即完成。

嫩豆苗炒雪白菇

■ 材料　2人份
嫩豆苗…200g
雪白菇…1 包

調味料
鹽…1/4 小匙
油…2 小匙
蒜頭…2 大瓣

■ 作法

備料
・嫩豆苗洗淨後切段。
・雪白菇切掉蒂頭後掰散。
・蒜頭去皮後切末。

1 鍋內倒入油，以中小火將油預熱後，投入蒜末炒香。
2 嫩豆苗入鍋拌炒，炒至顏色變成翠綠色。
3 加入雪白菇，拌炒至軟。
4 以鹽調味即完成。

洋蔥蛋香球芽甘藍

■ 材料　約3人份
球芽甘藍…8 顆（110g）
洋蔥（中型）…半顆（200g）
雞蛋…2 顆

調味料
鹽… 1/4 小匙
油…2 小匙
研磨黑胡椒…少許
清水…2 大匙

■ 作法

備料
・球芽甘藍洗淨後縱向對切。
・洋蔥逆紋切絲。
・雞蛋打散成蛋液。

1 鍋內倒入少許油（份量外），將蛋液下鍋以中小火炒至半熟後起鍋備用。
2 同一鍋，再倒入油，油溫熱後將球芽甘藍、洋蔥、清水，一起入鍋拌炒。
3 作法 2 的洋蔥炒軟後，將作法 1 的半熟炒蛋一起下鍋拌炒。
4 起鍋前加入鹽、研磨黑胡椒調味即完成。

芹菜炒嫩豆皮

■ 材料　2～3人份

芹菜…3株（180g）
生豆皮…2片（140g）
蒜頭…2瓣
辣椒…1條

調味料

油…2小匙
清水…2大匙
鹽…1/4小匙
香油…1/4小匙

■ 作法

備料

- 起一鍋滾水，加入少許鹽（份量外），將生豆皮入鍋汆燙1分鐘後撈起鍋，略放涼後切塊或切寬條。
- 芹菜剝掉芹菜葉後洗淨切段。
- 蒜頭去皮後切末。
- 辣椒去籽切絲。

1. 鍋內倒入油，以中小火將油預熱後，加入蒜末炒香。
2. 投入芹菜、辣椒絲、清水一起拌炒至芹菜顏色變成翠綠色。
3. 汆燙過的生豆皮、鹽、香油，一起入鍋拌炒均勻即完成。

料理筆記

生豆皮以滾水快速汆燙過，可去除豆腥味及讓口感更細嫩。

茭白筍炒胡椒香菇

■ 材料　2人份

茭白筍…3支（130g）
新鮮香菇…6朵（125g）
青蔥…1～2根
蒜頭…2小瓣

調味料

油…2小匙
鹽…1/8小匙
清水…50ml
白胡椒粉…少許

■ 作法

備料

- 茭白筍去筍殼後切滾刀塊。
- 香菇切塊。
- 青蔥切成蔥花。
- 蒜頭去皮後切末。

1. 鍋內倒入油，以中小火將油預熱後，投入蒜末炒香。
2. 茭白筍、香菇、清水，一起入鍋拌炒至水分略為收乾。
3. 以鹽、白胡椒粉調味。
4. 撒入蔥花，拌炒均勻即完成。

義式小黃瓜炒紅蘿蔔

▎材料　2人份
小黃瓜…2條（170g）
紅蘿蔔…1小塊（80g）

調味料
鹽…1/4小匙
油…1小匙
義大利綜合香料…少許
清水…2大匙

▎作法

備料
- 紅蘿蔔削皮後，切滾刀塊。
- 小黃瓜洗淨，切除頭尾蒂頭後切滾刀塊。

1. 鍋內倒入油，以中小火將油預熱後，投入紅蘿蔔、清水，拌炒數下後蓋上鍋蓋燜煮約1分鐘。
2. 打開鍋蓋，投入小黃瓜、鹽、義大利綜合香料，拌炒至小黃瓜呈現喜歡的熟度即完成。

▎料理筆記
作法2可依喜好增減拌炒時間；若喜歡脆口小黃瓜，大致拌炒後即可起鍋，喜歡口感較軟，則額外再加少許水分拌炒至軟即可。

肉絲炒豌豆苗

▎材料　2人份
豌豆苗…100g
豬肉絲…70g
蒜頭…2瓣

調味料
油…1小匙
米酒…1小匙
鹽…少許

▎作法

備料
- 豌豆苗洗妥，水分瀝乾。
- 豬肉切成肉絲。
- 蒜頭去皮切成末。

1. 鍋內倒入油，以中小火將油預熱後，投入蒜末、豬肉絲，炒至豬肉絲接近全熟。
2. 加入豌豆苗一起拌炒，炒至豌豆苗變軟。
3. 以鹽調味即完成。

花生四季豆

■ 材料　3人份
四季豆…200g
去皮熟花生…40g
蒜頭…2 瓣

調味料
鹽…1/8 小匙
油…2 小匙

■ 作法

備料
· 四季豆洗淨後摘除兩側豆筋及頭尾，切丁。
· 蒜頭去皮後切末。

1 鍋內倒入油，以中小火將油預熱後，加入蒜末炒香。
2 投入四季豆，將四季豆炒熟。
3 撒入花生、鹽，拌勻後即完成。

料理筆記
建議當餐享用，享受花生香脆的口感，如冷藏多日再食用，花生會變軟，將影響口感。

鹽麴香甜玉米高麗菜

■ 材料　2人份
高麗菜（小顆約 1/4 顆）…250g
蒜頭…2 瓣
熟玉米粒…50g

調味料
鹽麴…1 小匙
油…2 小匙

■ 作法

備料
· 將高麗菜洗淨後手撕成小葉。
· 蒜頭去皮後切末。

1 鍋內倒入用油，以中小火將油預熱後，投入蒜末，炒香。
2 將高麗菜入鍋拌炒至接近熟軟。
3 加入玉米粒、鹽麴全部拌炒均勻即完成。

高麗菜炒番茄雪白菇

▌材料　2人份
小番茄…6 顆（100g）
高麗菜（小顆）…1/4 顆（200g）
雪白菇半包…100g

調味料
油…2 小匙
鹽…1/2
清水…2 大匙

▌作法

備料
- 小番茄洗淨後，對切。
- 高麗菜洗淨後手撕成適口大小。
- 雪白菇切除蒂頭，掰散。

1. 平底鍋內倒入油，以中小火將油預熱後，將小番茄、雪白菇入鍋香煎，煎至雪白菇呈現微金黃色
2. 加入高麗菜、清水，拌炒至高麗菜熟軟。
3. 以鹽調味即完成。

料理筆記
- 作法2可依喜愛的高麗菜口感而調整拌炒時間。
- 裝入便當時，請瀝乾湯汁或以分隔便當盒盛裝。

蒜炒菠菜鮮香菇

▌材料　2人份
菠菜…3 株（共 260g）
蒜頭…2 瓣
新鮮香菇…2 朵（50g）

調味料
油…2 小匙
鹽…1/8 小匙

▌作法

備料
- 菠菜洗淨後切成段。
- 新鮮香菇切小塊。
- 蒜頭去皮後以刀背拍扁。

1. 鍋內倒入油，以中小火將油預熱後，投入香菇、蒜頭，炒香。
2. 加入菠菜，拌炒至菠菜顏色變翠綠色即關爐火。
3. 以鹽調味即完成。

料理筆記
- 菠菜易熟，故於作法3當菠色顏色一變翠綠色即可關爐火，利用鍋子的餘溫拌入鹽調味，可避免菠菜炒過熟變黑。
- 菠菜易生水，故全程不用額外再加水拌炒，裝入便當時也請瀝乾水分或以分隔便當盒盛裝。

蒜炒醜豆與木耳

■ 材料　2人份

醜豆…200g
木耳…50g
蒜頭…1 瓣

調味料

油…2 小匙
清水…2 大匙
鹽…1/4 小匙

■ 作法

備料

- 醜豆洗淨後摘除兩側豆筋及頭尾,切段（約長 5～6cm）。
- 木耳手撕成小片狀。
- 蒜頭去蒜皮後切末。

1. 鍋內倒入油,以中小火將油預熱後,投入蒜末炒香。
2. 醜豆、木耳、清水,一起入鍋後,拌炒數下後蓋上鍋蓋,以小火燜煮約 2 分鐘。
3. 打開鍋蓋後,以鹽調味並拌勻即完成。

蒜炒蘆筍奶油香菇

■ 材料　2人份

大支蘆筍…2 支（90g）
新鮮香菇…4 朵（70g）
蒜頭…2 瓣

調味料

油…1 小匙
無鹽奶油…5g
鹽…2 小撮
研磨黑胡椒…少許

■ 作法

- 蘆筍洗淨削去粗皮後切成滾刀塊。
- 香菇切片。
- 蒜頭去蒜皮後切末。

1. 鍋內倒入油,以中小火將油預熱後,投入蒜末炒香。
2. 蘆筍、1 大匙清水（份量外）一起入鍋,炒至蘆筍顏色變成翠綠色。
3. 加入香菇、1 大匙清水（份量外）,與蘆筍一起拌炒至香菇變軟。
4. 無鹽奶油入鍋炒至融化。
5. 以鹽、研磨黑胡椒粉調味即完成。

青花筍炒香菇

▎材料　2人份
青花筍…150g
大朵鮮香菇…2朵（70g）
蒜頭…1瓣

調味料
油…2小匙
清水…3大匙（分次加入）
鹽…1/4小匙
七味粉…少許

▎作法

備料
- 青花筍去粗絲後洗淨並切段。
- 香菇切片。
- 蒜頭去蒜皮切成末。

1. 鍋內倒入油，以中小火將油預熱後加入蒜末，炒香。
2. 加入青花筍、2大匙清水，炒至青花筍變成翠綠色。
3. 加入香菇、鹽、1大匙清水，拌炒至香菇略軟。
4. 撒入少許七味粉，拌勻後即完成。

▎料理筆記
青花筍的粗梗可使用刨刀刨掉粗絲，方便又快速。

醬燒豆皮鮮木耳

▎材料　2～3人份
生豆皮…2片（130g）
鮮木耳…70g
蒜頭…2瓣

調味料
油…2小匙
醬油…2小匙
香油…1/2小匙

▎作法

備料
- 生豆皮及鮮木耳均切成絲。
- 蒜頭去蒜皮後切末。

1. 鍋內倒入油，以中小火將油預熱後，加入生豆皮拌炒。
2. 生豆皮炒至香味飄出後，加入鮮木耳一起拌炒至熟軟。
3. 加入醬油拌炒至生豆皮上了醬色。
4. 起鍋前加少許香油即完成。

豆腐小番茄

材料　2人份

市售板豆腐…半盒（200g）
小番茄…約6～8顆（100g）
青蔥…1根

調味料

油…2小匙
清水…2小匙
醬油…1小匙
鹽…1小撮
香油…1/8小匙

作法

備料

- 板豆腐以廚房紙巾輕輕按壓吸拭水分，水分略吸乾後切成小塊。
- 小番茄洗淨後對切。
- 青蔥切成蔥花。

1. 鍋內倒入油，以中小火將油預熱後，投入小番茄，炒軟。
2. 板豆腐、清水、醬油一起入鍋，拌炒至板豆腐上了醬色。
3. 加1小撮鹽、香油調味。
4. 起鍋前撒入蔥花拌勻即完成。

料理筆記

- 番茄與板豆腐都易生水，故盛盤後需靜置片刻，待水分釋出後瀝乾水分再裝入便當（或以分隔便當盒盛裝）。
- 作法2需小心拌炒，以避免板豆腐破損。

蒜炒高麗菜鮮木耳

材料　2～3人份

高麗菜…300g
新鮮木耳…100g
蒜頭…3瓣

調味料

油…2小匙
鹽…1/4小匙
清水…20ml

作法

備料

- 高麗菜及鮮木耳洗淨後，手撕成適口大小。
- 蒜頭去皮後切末。

1. 鍋內倒入油，以中小火將油預熱後，投入蒜末炒香。
2. 加入高麗菜、清水，拌炒至高麗菜略為變軟。
3. 加入木耳一起拌炒至熟。
4. 以鹽調味即完成。

副菜 簡單調味就有好滋味 食原味料理

汆燙翠綠四季豆

▋材料　2人份
四季豆…170g

調味料
特級冷壓初榨橄欖油…1/2 小匙
鹽…1 小撮
蒜頭…1 瓣（切成末）

▋作法

備料
・四季豆洗淨後摘除兩側豆筋及頭尾，切段（約 5cm）。
・蒜頭去蒜皮切成末。

1. 起一鍋水，水滾後加入少許鹽（份量外）。
2. 四季豆投入滾水汆燙，燙約 3 分鐘後撈起鍋。
3. 四季豆一起鍋即放入冰水中冰鎮定色，待涼後瀝乾水分，拌入全部調味料即完成。

料理筆記
・可改用其他冷壓植物油取代橄欖油。
・如擔心蒜末辛嗆，可將蒜末浸泡冰水片刻後，以濾網濾掉水分取出蒜末即可降低辛嗆味。

烤甜味茭白筍

▋材料　2～3人份
茭白筍…3 支（240g）

▋作法

備料
・茭白筍去筍殼後洗淨並拭乾水分。

1. 將茭白筍置於烤架上，放入以攝氏 200 度預熱完成的烤箱裡，烤約 20 分鐘取出。
2. 略放涼後切成斜切片即完成。

料理筆記
・可不加任何調味料享用原味，另也可撒上少許胡椒鹽或喜歡的調味料。
・各品牌烤箱火力不一，請自行斟酌烘烤時間。

燜煎醬香娃娃菜

材料　2人份

娃娃菜…3 株 200g

調味料
油…1 小匙
清水…2 大匙

醬料
鰹魚醬油…2 大匙（薄鹽）
香油…1/4 小匙

作法

備料
- 將娃娃菜縱向對切後洗淨，瀝乾或拭乾水分。

1. 平底鍋倒入油，以中小火將油預熱後，將娃娃菜的切面朝鍋底擺入鍋。
2. 倒入清水，蓋上鍋蓋燜煎約 2 分鐘。
3. 打開鍋蓋，加入醬料，煮至鰹魚醬油香味飄出即完成。

料理筆記

如果使用的娃娃菜較大株，可大致切塊，較方便入口。

煎香脆松本茸

■ 材料　2人份
松本茸…1盒（100g）

調味料
油…1～2小匙
鹽…1小撮
研磨黑胡椒…少許

■ 作法

備料
· 松本茸縱向切片。

1. 平底鍋倒入油，以中小火將油預熱。
2. 將切妥的松本茸平擺入鍋香煎，煎至呈現微金黃色時翻面續煎。
3. 兩面都煎至金黃時，撒入鹽、研磨黑胡椒調味後即可起鍋。

■ 料理筆記
松本茸下鍋遇熱會微捲曲，故於備料時不要切太薄，留點厚度保有微脆口感及防捲曲太多（另也可於料理時，以鍋鏟按壓輔助定形及上色）。

香煎芝麻玉米筍

■ 材料　2人份
玉米筍…100g
白芝麻…少許

調味料
油…2小匙
鹽…少許

■ 作法

備料
· 將玉米筍刷洗乾淨後以廚房紙巾拭乾水分。

1. 鍋內倒入油，以小火將油溫熱後，將玉米筍入鍋慢煎。
2. 煎至香味飄出、玉米筍呈現金黃色時，撒入少許鹽、白芝麻拌勻即完成。

清蒸白花椰與青花菜

■ 材料　2人份

白花椰菜…100g
青花菜…100g
清水…500～1000ml

■ 作法

備料
・白花椰菜及青花菜洗淨並切成小朵。

1. 將白花椰菜及青花菜全部置於蒸層（蒸盤）上。
2. 鍋內倒入清水，水煮至沸騰後將作法1移至鍋內，蓋上鍋蓋，中小火煮3～4分鐘即完成。

料理筆記

・水量依鍋子的大小而調整，以沸騰之後的水位不碰觸到食材為主。
・可拌入任何喜歡的醬料享用，例如：胡麻醬、芝麻醬、XO醬等等。

煎青花筍佐熟藜麥

■ 材料　2人份

青花筍…170g
熟紅藜麥…1小匙

調味料
油…1小匙
鹽…少許

■ 作法

備料
・青花筍洗淨後，削除莖部粗皮並切段。

1. 取平底鍋，倒入油並以小火將油預熱後，將青花筍入鍋香煎。
2. 青花筍煎至香味飄出（或煎至喜歡的熟度）後，加入熟紅藜麥，拌炒均勻。
3. 以鹽調味，全部拌勻後即完成。

料理筆記

・青花筍煎至微焦且呈金黃色時很美味，不妨試試。
・熟紅藜麥作法請參考P.160「便利熟藜麥」。

簡單調味就有好滋味：食原味料理

副菜 省時救星 常備菜

便利熟藜麥

■ 材料
紅藜麥…1大匙
清水…3大匙

■ 作法
1 紅藜麥以濾網洗淨後瀝乾水分,加入3大匙清水,放入電鍋炊煮(外鍋加入100ml清水,份量外),蒸煮至電鍋開關鍵跳起即完成。

料理筆記
· 蒸熟的紅藜麥放涼後,即可倒入保鮮密封盒裡放冰箱冷藏,約可保存5天。
· 於每次料理時,以乾淨的湯匙取出該次份量後,其餘繼續密封冷藏。
· 可將熟紅藜麥隨意的加入任何料理,增添料理豐富度及為營養再加分。

蜜汁紅蘿蔔

■ 材料　3人份
紅蘿蔔…1條(180g)
白芝麻…少許

調味料
蜂蜜…1大匙
清水…2大匙
油…1小匙
鹽…2小撮

■ 作法
備料
· 紅蘿蔔去皮後切成絲。

1 鍋內倒入油,以中小火將油預熱後,投入紅蘿蔔絲、清水,炒至紅蘿蔔變軟。
2 加入鹽、蜂蜜調味,並拌炒至香味飄出。
3 撒入白芝麻拌勻即完成。

料理筆記
· 以乾淨的密封盒裝盒,並於每次挾取時,以乾淨的筷子或夾子取出當次份量,其餘繼續妥善冷藏,可保存5天。
· 是一道可當涼拌菜、加熱吃,都很美味的常備料理。

醬醋糯米椒

▌材料　3～4人份

糯米椒…12根（180g）
白芝麻…少許

醬汁
醬油…3大匙
清水…1大匙
糖…1/2小匙
黑醋…1小匙
香油…1/2小匙

調味料
食用油…1大匙

▌作法

備料
· 糯米椒洗淨後擦乾並切去蒂頭，再以叉子叉數下。

1. 鍋裡倒入油，以小火將油預熱後，投入糯米椒，煸香。
2. 將醬汁倒入鍋裡，撒些許白芝麻後關爐火，拌勻即可起鍋。

料理筆記

· 將糯米椒以叉子戳幾個小洞，可以幫助醬汁入味。
· 全程以小火烹煮即可，作法2的醬汁一入鍋即可預備關火，可避免醬汁燒焦產生苦味。
· 冷藏可保存5～7天。

咖哩蛋

■ **材料**　4人份

熟水煮蛋…4顆（去蛋殼）
保鮮夾鏈袋…1只（中尺寸）

醬汁材料

水…300cc
鹽…1/4小匙
薑黃…1/8小匙
咖哩粉…1/4小匙
茴香…1/4小匙
糖…1/4小匙

■ **作法**

1. 將醬汁材料全部一起入鍋，小火煮滾後放涼。
2. 醬汁放涼後，倒入保鮮夾鏈袋裡，水煮蛋也一起放入，擠出袋子裡的多餘空氣後密封。
3. 置於冰箱冷藏1天後即可享用。

■ **料理筆記**

・冷藏2天後再享用風味更佳（其間可搖晃外袋，以助均勻上色）。
・妥善冷藏可保存5天。
・亦可取密封容器來盛裝醬汁並浸泡咖哩蛋。

同場加映：水煮 Q 蛋

作法
1 起一鍋冷水，將雞蛋、少許鹽一起放入冷水鍋裡，爐火開中大火煮至水滾。
2 作法 1 沸騰後將爐火轉成中小火（維持小沸騰狀態），以計時器計時續煮 6～7 分鐘。
3 作法 2 撈起鍋，投入冰水降溫，待涼後即可取出剝殼。

料理筆記
· 以切蛋器即可切出工整的蛋片。
· 如希望蛋黃置於蛋中央處，則於作法1時，以湯匙或長筷不時的滾動雞蛋即可。

副菜
今天不吃飯
優質澱粉新選擇

地瓜泥奶油燕麥

▋ 材料　2～3人份

地瓜…3 個 350g
燕麥…5 大匙（30g）
無鹽奶油…5g
熱水…300ml

▋ 作法

備料
- 地瓜去皮後以電鍋蒸熟（外鍋放入清水 200ml，份量外）。
- 燕麥以熱水浸泡 5 分鐘後瀝掉水分。

1　將蒸熟的地瓜、熱水泡軟的燕麥、無鹽奶油，全部以叉子壓成泥狀並拌勻即完成。

▋ 料理筆記

可常溫享用，亦可冷藏後冰冰的享用，風味極佳。

奶油南瓜丁佐玉米筍

▋材料　1～2人份

南瓜…1小塊（150g）
玉米筍…3根（50g）

調味料

油…1小匙
鹽…1小撮
奶油…5g

▋作法

備料

- 南瓜去籽後將皮刷洗乾淨，連皮一起切成小丁。
- 玉米筍洗淨，切成小丁。

1 鍋內倒入油，以小火將油預熱後，將南瓜丁投入鍋拌炒至軟。
2 投入玉米筍一起拌炒，炒至喜歡的玉米筍熟度。
3 加入奶油、鹽，拌炒至奶油融化後即完成。

料理筆記

如喜歡口感較熟軟的玉米筍，可與南瓜丁一起入鍋同時拌炒。

蛋煎馬鈴薯餅

材料　2～3人份

馬鈴薯…1顆（280g）
雞蛋…3顆

調味料
油…2小匙
鹽…1/2小匙
研磨黑胡椒…少許
乾燥巴西里…少許

作法

備料
- 馬鈴薯去皮切成絲後，反覆清洗數次至水質呈現清透即瀝乾水分。
- 清洗過的馬鈴薯絲打入雞蛋、鹽、研磨黑胡椒，拌勻。

1. 平底鍋內倒入油，以小火將油預熱後，將馬鈴薯絲蛋液倒入鍋裡香煎。
2. 煎至底部呈現微金黃色、鍋邊蛋液凝固時，以鍋鏟切成四等份，並將每一等份翻面續煎。
3. 煎至兩面均呈現金黃焦香感時，撒些許乾燥巴西里點綴即完成。

料理筆記

- 馬鈴薯以清水沖洗數次可去除表層的澱粉質，可讓馬鈴薯更有口感。
- 示範鍋具為28cm平底鍋，蛋液可隨自家使用的鍋子大小而調整份量。
- 作法2可不切等份，改持一大平盤倒扣後，續煎至焦香。

清炒橄欖油蒜香義大利麵

材料　2～3人份

筆管義大利麵…150g（2 碗半的份量）
辣椒…1 根
蒜頭…3 瓣
九層塔葉…1 把（或 1 碗）

調味料

橄欖油…2 大匙
研磨黑胡椒…少許
清水…1 大匙

作法

備料

- 起一大鍋水，水滾後加少許鹽（份量外），將筆管義大利麵入鍋煮至喜歡的熟度或參考外包裝建議烹煮時間，煮妥後撈起鍋。
- 蒜頭去蒜皮後切末。
- 辣椒斜切。
- 九層塔葉切細。

1. 鍋內倒入橄欖油、蒜末，以中小火將蒜末炒香。
2. 加入煮熟的筆管義大利麵，少許煮麵水一起拌炒。
3. 以鹽、研磨黑胡椒調味。
4. 起鍋前加入九層塔葉拌勻後即完成。

料理筆記

適合料理當下再備料，建議可一邊煮義大利麵，一邊切備料以節省時間。

後記

常有粉絲問貝蒂，這樣吃就會瘦下來嗎？

以我先生為例：是的，當初一改變原本不佳的飲食習慣，並開始執行「健康飲食」第一個月後，我先生的腰圍就瘦了一圈。

但是，當健康飲食上了軌道後（口味適應了，日常備餐也上手了），貝蒂與先生常給予大家的建議是，除了持續健康飲食，也將「運動」加入生活，讓規律的運動習慣，成為生活的一部分吧！

「健康飲食」帶給身體是輕盈舒爽的感受，「運動」則是帶給身體更佳的代謝及體態；當反覆執行「健康吃、快樂動」這二件事，就能無壓力的健康瘦身，而且不易復胖了。

或許您即將展開瘦身飲食，或者您已經執行一陣子，貝蒂都感到萬分榮幸能藉由這本料理書參與您的重要計劃，謝謝您。

希望經過反覆翻閱或實做本書的料理食譜，能為您帶來不同的瘦身飲食經驗及無壓力的備餐靈感，期盼無壓力的健康飲食能為您帶來更多更美好的生活。

最後，謝謝家人及編輯在籌備料理書時的全力支持，總是給予貝蒂精神上或實質上的加油與打氣，謝謝您們。

《愛妻無壓力瘦身便當》
成功實證

大叔變型男飲食計畫

瘦身前

瘦身後

bon matin 120

愛妻無壓力瘦身便當

作　　者	貝蒂	讀書共和國出版集團	
攝　　影	劉玉崙／貝蒂	社　　長	郭重興
社　　長	張瑩瑩	發行人兼	
總 編 輯	蔡麗真	出版總監	曾大福
美術編輯	林佩樺	印務經理	黃禮賢
封面設計	倪旻鋒	印　　務	李孟儒
		法律顧問	華洋法律事務所　蘇文生律師
責任編輯	莊麗娜	印　　製	凱林彩印股份有限公司
行銷企畫	林麗紅	初　　版	2019年05月29日
出　　版	野人文化股份有限公司		
發　　行	遠足文化事業股份有限公司	有著作權　侵害必究	
	地址：231新北市新店區民權路108-2號9樓	歡迎團體訂購，另有優惠，請洽業務部	
	電話：（02）2218-1417	（02）22181417分機1124、1135	
	傳真：（02）86671065		
	電子信箱：service@bookreP.com.tw		
	網址：www.bookreP.com.tw		
	郵撥帳號：19504465遠足文化事業股份有限公司		
	客服專線：0800-221-029		

國家圖書館出版品預行編目(CIP)資料

愛妻無壓力瘦身便當 / 貝蒂做便當著. -- 初版. -- 新北市：野人文化出版：遠足文化發行, 2019.06　176面；　公分. -- (bon matin；120)
ISBN 978-986-384-355-9（平裝）　　　1.食譜
427.17

108007725

野人文化 讀者回函卡

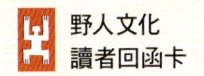

感謝您購買《愛妻無壓力瘦身便當》

姓　名　　　　　　　　　　　□女　□男　年齡

地　址

電　話　　　　　　　　　手機

Email

學　歷　□國中(含以下)　□高中職　　□大專　　　□研究所以上
職　業　□生產/製造　□金融/商業　□傳播/廣告　□軍警/公務員
　　　　□教育/文化　□旅遊/運輸　□醫療/保健　□仲介/服務
　　　　□學生　　　□自由/家管　□其他

◆你從何處知道此書？
　□書店　□書訊　□書評　□報紙　□廣播　□電視　□網路
　□廣告DM　□親友介紹　□其他

◆您在哪裡買到本書？
　□誠品書店　□誠品網路書店　□金石堂書店　□金石堂網路書店
　□博客來網路書店　□其他＿＿＿＿＿＿＿＿＿＿＿

◆你的閱讀習慣：
　□親子教養　□文學　□翻譯小說　□日文小說　□華文小說　□藝術設計
　□人文社科　□自然科學　□商業理財　□宗教哲學　□心理勵志
　□休閒生活（旅遊、瘦身、美容、園藝等）　□手工藝／DIY　□飲食／食譜
　□健康養生　□兩性　□圖文書/漫畫　□其他

◆你對本書的評價：（請填代號，1. 非常滿意　2. 滿意　3. 尚可　4. 待改進）
　書名＿＿＿　封面設計＿＿＿　版面編排＿＿＿　印刷＿＿＿　內容＿＿＿
　整體評價＿＿＿

◆希望我們為您增加什麼樣的內容：

◆你對本書的建議：

廣　告　回　函
板橋郵政管理局登記證
板橋廣字第143號
郵資已付　免貼郵票

23141
新北市新店區民權路108-2號9樓
野人文化股份有限公司　收

請沿線撕下對折寄回

書名：愛妻無壓力瘦身便當

書號：bon matin 120

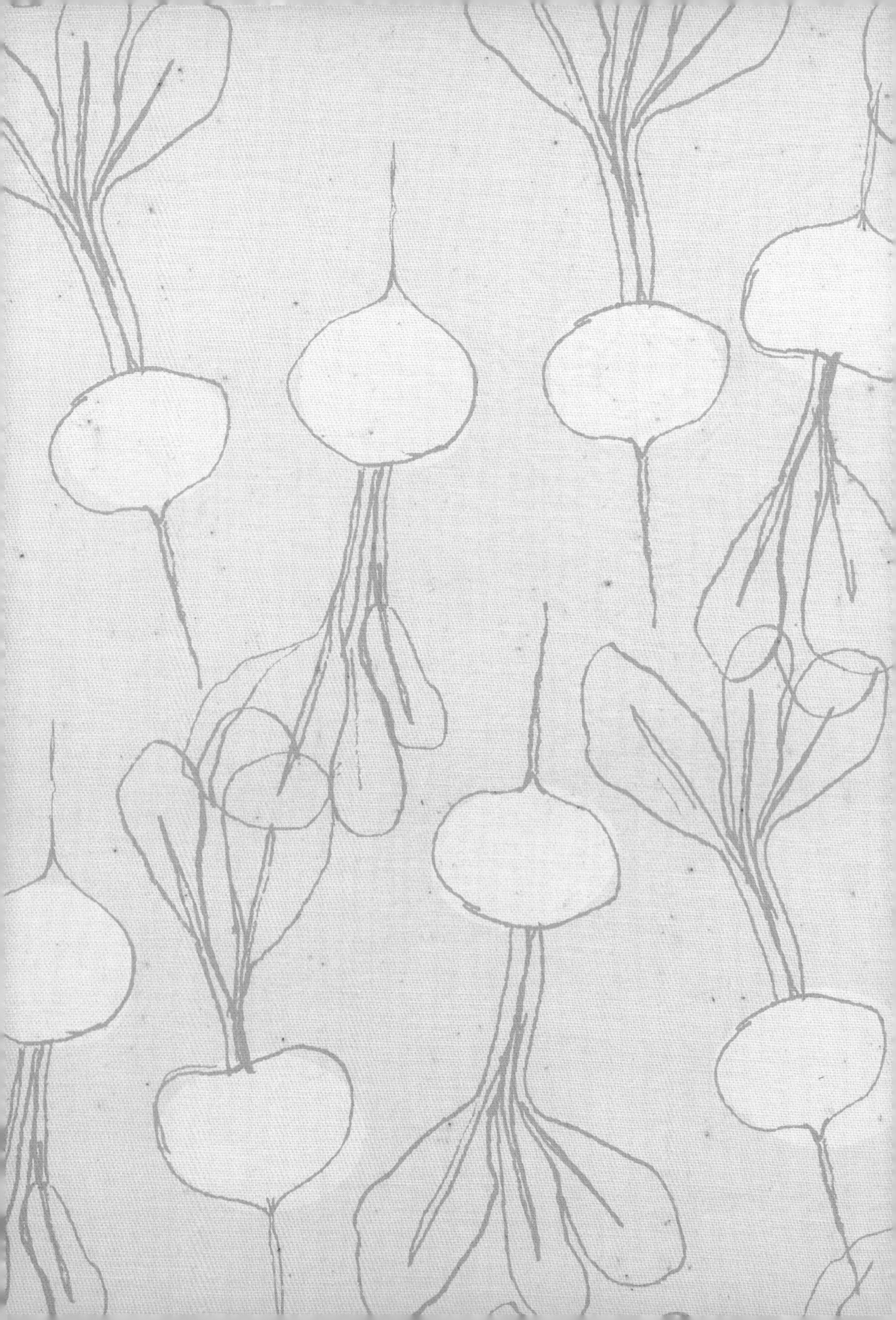